Steeve Dejardin

Étude expérimentale et numérique du formage incrémental

Steeve Dejardin

Étude expérimentale et numérique du formage incrémental

Éditions universitaires européennes

Impressum / Mentions légales

Bibliografische Information der Deutschen Nationalbibliothek: Die Deutsche Nationalbibliothek verzeichnet diese Publikation in der Deutschen Nationalbibliografie; detaillierte bibliografische Daten sind im Internet über http://dnb.d-nb.de abrufbar.

Information bibliographique publiée par la Deutsche Nationalbibliothek: La Deutsche Nationalbibliothek inscrit cette publication à la Deutsche Nationalbibliografie; des données bibliographiques détaillées sont disponibles sur internet à l'adresse http://dnb.d-nb.de.

Coverbild / Photo de couverture: www.ingimage.com

Verlag / Editeur:
Éditions universitaires européennes
ist ein Imprint der / est une marque déposée de
OmniScriptum GmbH & Co. KG
Heinrich-Böcking-Str. 6-8, 66121 Saarbrücken, Deutschland / Allemagne
Email: info@editions-ue.com

Herstellung: siehe letzte Seite /
Impression: voir la dernière page
ISBN: 978-3-8417-4819-5

Zugl. / Agréé par: Besançon, Université de Franche-Comté, 2008

Remerciements

Je tiens à adresser de sincères remerciements aux personnes suivantes :

Monsieur Jean-Louis Batoz, Professeur à l'Université de Technologie de Compiègne, pour avoir accepté d'être rapporteur de ce mémoire,

Monsieur Ying Qiao Guo, Professeur à l'Université de Reims, pour avoir également accepté d'être rapporteur de ce mémoire,

Madame Elisabeth Massoni, Maître de Recherches à l'Ecole des Mines de Paris, pour m'avoir fait l'honneur d'être présidente du jury,

Monsieur Abel Cherouat, Professeur à l'Université de Technologie de Toyes, pour sa participation au jury en tant qu'examinateur,

Monsieur Arnaud Delamézière, Maître Assistant à l'Institut Supérieur d'Ingénierie de la Conception de Saint-Dié-des-Vosges, également pour sa participation au jury en tant qu'examinateur.

Que l'ensemble des membres du jury soit remerciés de m'avoir fait profiter de leur point de vue sur ces travaux durant l'exercice de soutenance de thèse ainsi que pour leurs commentaires avisés.

Je tiens à adresser des remerciements particuliers à :

Monsieur Jean-Claude Gelin, Professeur à l'Ecole Nationale Supérieure de Mécanique et des Microtechniques de Besançon, pour m'avoir proposé ce sujet de thèse et m'avoir laissé une grande liberté dans mon travail. Je tiens à le remercier particulièrement pour l'ensemble des reflexions scientifiques que nous avons eu ensemble ainsi que la rigueur et le recul qu'il m'a permis d'acquérir, ce qui a fortement contribué à mon enrichissement personnel. Je lui adresse toute ma gratitude pour la confiance qu'il m'a témoignée. J'espère pouvoir continuer à profiter de ses connaissances en participant à l'enrichissement du travail amorcé au cours de cette thèse.

Monsieur Sébastien Thibaud, Maître de Conférences à l'Université de Franche-Comté et co-encadrant de ces travaux de thèse. Je tiens à lui adresser toute ma reconnaissance pour son aide, sa sympathie, sa disponibilité et sa présence au cours de ces trois années. Je lui exprime également ma gratitude pour son savoir-faire qui nous a permis de faire évoluer ces travaux de thèse.

Monsieur Gérard Michel, Ingénieur de Recherches à l'ENSMM de Besançon, pour sa disponibilité et son efficacité, ses connaissances et son savoir-faire ainsi que sa bonne humeur et sa sympathie.

Le bureau 43H pour ces trois grandes années passées dans une ambiance hors du commun... Il règne dans ce bureau un climat déconcertant tant par son sérieux que par ses débordements...

Cyrille pour m'avoir supporter trois années de plus... et je souhaite que cela continue ! Je le remercie sincèrement pour sa présence, sa confiance, son soutien, et ce, quelle que soit la situation. Nous avons partager beaucoup de choses depuis six ans et j'espère pouvoir lui rendre un jour la monnaie de sa pièce pour cette amitié sincère. Un grand merci. En revanche, je vais maintenant devoir m'acheter un agenda... J'associe également *Marie* à ces remerciements pour les bons moments passés ensemble et grâce à qui *Cyrille* s'est rendu compte des bêtises que nous avons pu dire un jour...

Jbo pour son amitié, sa présence, sa bonne humeur et son humour. Merci aussi pour tous les bons moments passés, pour ses petits fours et la disponibilité de ses bras (et ils seront encore sollicités...). Je remercie également *Monsieur Piou* pour sa bonne humeur et sa constance. J'espère qu'il ne m'en veut pas trop pour le bouquet... Merci aussi à *Raph* pour avoir contribué à l'ambiance particulière régnant dans bureau.

Wallas pour ses conseils et sa vision objective des choses, sa constance et sa franchise. Je le remercie aussi pour les séances de grimpe et nos expéditions musicales . C'est promis, un jour, je me connecterai sur msn !

Je remercie chaleureusement *Christiane et Solange* pour leur présence, leur sincérité et leur soutien. Merci.

Je remercie mes petits monstres, *Hugo et Quentin*, pour toutes ces merveilleuses choses qu'ils me font découvrir de jour en jour...

Enfin, je tiens à remercier du fond du coeur ma femme, *Virginie*, pour son amour, son dynamisme et sa joie de vivre, d'être à mes côtés dans les bons moments comme dans les moins bons... et pour ce 14 particulier...

Table des matières

TABLE DES MATIÈRES

Introduction générale

La production de structures métalliques à partir de tôles minces, dans le cadre de productions prototypes ou de très petites séries, est souvent problématique pour les industriels. En effet, le développement d'un ensemble d'outillages pour une réalisation par emboutissage rend le coût prohibitif et ne permet pas aux entreprises d'être compétitives sur les marchés considérés.

Pourtant la demande existe, en particulier dans le cas de réalisations prototypes en vue de premiers tests, ou bien dans le cas de composants entrants dans des ensembles produits en petites séries (Leach et al., 2001)(Micari et al., 2007).

Par ailleurs, les entreprises, en particulier les entreprises sous-traitantes et dépendantes de grands donneurs d'ordre, sont confrontées aux problématiques du prototypage ou des faibles séries, et doivent donc être capables de réagir rapidement pour répondre aux clients. Elles doivent par conséquent disposer de technologies modernes et permettant ces réalisations prototypes. Dans ce cadre, le formage incrémental des structures minces offre a priori des possibilités intéressantes, évitant quasiment la réalisation d'outillages spécifiques.

Le formage incrémental des structures minces, ou encore ISF pour Incremental Sheet Forming, a été proposé il y a quinzaine d'années environ, et une première machine de formage incrémental a été proposée par le fabricant japonais Amino (Amino et al., 2002). Le formage incrémental est basé sur sur le principe suivant : un outil, généralement à tête semi-hémisphérique, se déplace sur une plaque de tôle maintenue le long de son contour. L'outil est piloté par une machine à commande numérique trois ou cinq axes et déforme progressivement la tôle par passages successifs et incrémentaux le long de trajectoires préalablement définies, en exerçant des efforts normaux et tangentiels sur la tôle.

Le procédé comprend plusieurs avantages dont la possibilité de traiter une grande variété de pièces sur la même machine, en réduisant de façon drastique les temps de changement d'outillage. Le travail du flan peut se réaliser avec ou sans outillage support (en général fabriqué en matériaux à bas coût), en fonction de la complexité de la pièce et de la précision demandée. Le procédé semble donc très adapté au prototypage rapide et apparaît bien approprié pour les études et le développement, en permettant la réduction des coûts et des délais.

Cependant, il reste encore des développements importants à effectuer avant que le formage incrémental pénètre réellement sur le marché. Ces développements concernent notamment une identification précise des composants types pouvant être réalisés par formage incrémental, la définition des règles de design et de conception pour ces composants, la mise au point et la qualification d'outils et de trajectoires d'outils pour réaliser les composants souhaités, la simulation numérique complète du procédé prenant en compte des lois de comportement et de frottement appropriées à développer également.

Les travaux développés dans la thèse et synthétisés dans le mémoire ont été initiés dans le cadre du projet européen Sculptor regroupant neuf partenaires européens, avec comme objectifs le développement de méthodologies et technologies propres au formage incrémental, dans le but de réaliser un démonstrateur industriel prototype.

Le chapitre 1 du mémoire présente la technologie de formage incrémental en s'appuyant sur la méthodologie et les stratégies proposées dans le cadre de la solution industrielle développée par Amino. Les exigences industrielles sont par ailleurs rappelées et l'état des recherches scientifiques et technologiques est résumé dans ce chapitre. Le chapitre 1 évoque également les précisions obtenues ainsi que les nouvelles implémentations et les récents développements technologiques réalisés au cours des dix dernières années. Un état de la bibliographie dans le domaine est également mentionné.

Le chapitre 2 présente un ensemble d'expérimentations développées et réalisées au laboratoire. Des composants de dimensions standard ont été réalisés par formage incrémental, et les influences des trajectoires d'outil et des paramètres de comportement matériel sont analysées. De plus, le mémoire mentionne également la réalisation de composants de très petites dimensions, ainsi que leurs caractéristiques géométriques. Les défauts géométriques résultant du formage incrémental sont évoqués et quantifiés, permettant ainsi de définir les limites du procédé.

Le chapitre 3 concerne la simulation numérique du formage incrémental. Ce chapitre présente notamment l'influence des trajectoires d'outils et de la stratégie de formage. Une analyse détaillée des stratégies de formage est ainsi présentée. Le chapitre 3 analyse également les effets de retour élastique résultant du formage incrémental, et présente en particulier une analyse de l'influence des stratégies de formage incrémental, grâce à des tests d'anneaux tronconiques découpés après formage.

Le chapitre 4 présente les travaux effectués dans le cadre du projet Sculptor, notamment ceux traitant de la maîtrise et du contrôle du procédé. L'amincissement non contrôlé du flan déformé par ISF représente un point particulièrement critique à résoudre afin de garantir un procédé de mise en forme des structures minces exploitable au niveau industriel. C'est pourquoi les efforts de travail ont été dirigés vers la réalisation d'un outil de formage permettant la mesure d'épaisseur du flan en cours de procédé. Cette mesure permet d'une part d'accroître la connaissance sur le comportement du matériau en cours de déformation, et permet d'autre part de construire une relation entre l'évolution de l'épaisseur du flan et les différents paramètres du formage incrémental et de développer ainsi une boucle de contrôle agissant sur ces derniers, à l'aide de contrôleurs et d'actionneurs actifs, garantissant la production des composants dans le respect des exigences géométriques et fonctionnelles.

Enfin, la conclusion générale répertorie les principaux résultats obtenus dans le cadre de la thèse, en mettant en exergue les avancées les plus caractéristiques. Des perspectives sont par ailleurs évoquées, tant en ce qui concerne les développements technologiques possibles, qu'en ce qui concerne les apports et avancées résultant des simulations−optimisations numériques et des possibilités de contrôle du procédé associées.

Chapitre 1

Evolution de la mise en forme des structures minces

Sommaire

1.1 Les exigences futures du secteur industriel et étude des marchés associés

1.1.1 Place de la mise en forme dans le secteur industriel

Les technologies industrielles ont beaucoup évoluées au cours du siècle dernier. L'essor des marchés comme celui des transports amène à accroître la concurrence et à diminuer les délais de production. Ce dernier critère a poussé les industriels à développer et à mettre au point des techniques caractérisées par une productivité élevée. Le domaine de la mise en forme a amplement donné lieu à de telles investigations. En effet, la notion de mise en forme des matériaux est omniprésente dans la chaîne de production de composants métalliques ou bien polymères. L'objectif premier de la mise en forme est de déformer un matériau solide de manière contrôlée afin de créer des changements de forme, de propriétés et d'état de surface. Parmi les principaux procédés apparus récemment afin de garantir une production en grande série, le formage des structures minces regroupe plusieurs techniques associées au travail des métaux en feuille.

Aujourd'hui, de nombreux secteurs industriels, comme l'industrie automobile ou aéronautique, utilisent des procédés de mise en forme dans le but de produire des composants de formes complexes. L'emboutissage représente certainement le procédé le plus employé dans le secteur automobile. Les travaux de recherche associés à ce procédé sont en grande partie dus à la pression d'éléments extérieurs tels que la nécessité croissante d'alléger les produits, la lutte contre la corrosion ou la concurrence des matériaux non métalliques.

L'emboutissage est une opération qui permet d'obtenir des pièces de formes complexes non développables, contrairement aux autres opérations de formage plus simples que sont le pliage, le roulage ou le profilage à froid. Ce mode de formage s'effectue sur des presses, mécaniques ou hydrauliques, au moyen d'un outillage spécifique dont la configuration confère au flan l'effet désiré. L'outillage utilisé comprend donc un poinçon se déplaçant selon un axe vertical et déformant la tôle, une matrice et un serre-flan conférant à la tôle sa forme extérieure finale et permettant le maintien du flan en position, et garantissant également le contrôle de l'écoulement homogène de la tôle au cours de l'opération afin d'éviter les risques de plis, d'amincissement du flan ou d'autres défauts d'emboutissage (voir figure 1.1).

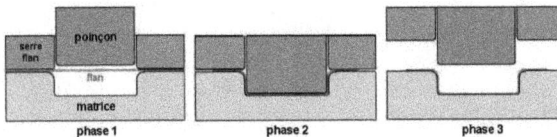

FIG. 1.1 – *Principe du procédé d'emboutissage*

De par son principe physique et technologique, l'emboutissage sous presse présente de nombreux intérêts tant économiques que qualitatifs. Cette technique de mise en forme permet en effet d'atteindre des cadences de production élevées de l'ordre de 100 à 200 pièces par heure pour de gros volumes (carrosserie automobile) et jusqu'à 10.000 pièces par heure pour des petits composants (renfort, capuchon de réservoir, pièces de connectique...). L'écrouissage résultant des déformations imposées par le procédé confère au flan des propriétés mécaniques supérieures à celle du flan initial. Cette caractéristique de l'emboutissage permet ainsi un allégement des pièces. Par ailleurs, la qualité de l'état de surface d'une pièce brute emboutie est nettement supérieure à celle d'une pièce coulée rendant ainsi les opérations de finition telles que le polissage moins lourdes à gérer et donc moins coûteuses.

Il est alors aisé de comprendre le développement de l'intérêt porté à l'emboutissage ainsi que l'élargissement de ses domaines d'applications qui s'étendent du secteur des transports, aussi bien automobile que ferroviaire et aéronautique, à celui du biomédical, en passant par des domaines tels que l'électroménager ou le sanitaire.

Dans la suite du document, l'emboutissage, ainsi que l'ensemble des procédés de formage des structures minces, seront qualifiés de procédés « conventionnels » ou « standards ».

1.1.2 Mise en évidence des avantages et inconvénients des procédés de mise en forme conventionnels

Comme il a été mentionné dans le paragraphe précédent, les principaux avantages, du point de vue industriel, des procédés standards, sont de faibles temps de cycle pour réaliser un composant et donc une productivité importante. Cependant, les procédés d'emboutissage requièrent des investissements préalables importants, tant au niveau développements technologiques qu'au niveau financier, car ils font appel au développement d'outillages spécifiques rendant ainsi le procédé peu flexible et non approprié pour les petites et moyennes entreprises ayant à réaliser des pièces en petites séries.

Outre la forme de l'outil, qui dépend de la complexité de la pièce à obtenir, de nombreux paramètres conditionnent la réussite de l'opération : ceux liés au procédé d'une part, tels que les réglages de la presse, la vitesse d'emboutissage, la lubrification, la conception des outillages, et ceux liés aux propriétés de la tôle elle-même et à sa formabilité. Bien que la compréhension de l'opération d'emboutissage ait bénéficié de larges progrès, entre autre grâce au développement des outils numériques, allant jusqu'à sa parfaite maîtrise, la conception des outils et le procédé d'emboutissage restent encore partiellement une technologie basée sur l'expérience, faisant appel à des phases d'essais onéreuses et à des ajustements longs et parfois délicats.

Ces caractéristiques destinent donc les procédés de formage standards, et en particulier l'emboutissage, à la production de composants de grandes séries et les rendent économiquement inadaptés aux petites et moyennes séries, au prototypage ou encore à des applications telles que la restauration de pièces anciennes, la production de véhicules spéciaux (voiture de luxes), ou la réalisation de composants à caractère biomédical, donc de formes adaptées à la morphologie des individus. De même, si on prend en compte la notion de rapport d'emboutissage permettant notamment d'établir le possibilité de former une pièce par emboutissage, il est impossible d'emboutir des petites formes dans des pièces de grandes dimensions. Nous développerons ces notions dans les chapitres suivants, en particulier au regard des possibilités du formage incrémental des tôles.

1.1.3 Evolutions des exigences de l'industrie

D'un point de vue général, les exigences des marchés internationaux se tournent vers la recherche de technologies de plus en plus flexibles et si possible abordables économiquement. De telles technologies doivent fournir une solution efficace et rentable pour produire des composants de formes et de dimensions diverses, offrant une bonne répétitivité dimensionnelle et de bonnes propriétés physiques ainsi qu'une grande précision géométrique. Par ailleurs, le développement de nouvelles technologies capables de remplacer ou de compléter les procédés de mise en forme traditionnels représenterait une avancée importante prenant en compte de nombreux aspects comme la réduction des investissements ainsi que la réduction des nuisances environnementales (consommation énergétique, possibilité de recyclage...).

Les exigences industrielles ont évoluées au cours des dernières années. Alors que la hausse du niveau de vie amplifiée, par une concurrence accrue, poussait aveuglement les entreprises à produire plus tout en réduisant les délais de production, le constat inévitable de l'accroissement de la production des gaz polluants et du rejet de toutes sortes de produits nuisibles pour l'environnement fait aujourd'hui prendre conscience de l'impact écologique associé à une consommation élevée. Alors que les débats sur le réchauffement climatique s'amplifient aux quatre coins du monde orientant la recherche vers le développement de solutions énergétiques non polluantes, des exigences nouvelles apparaissent et les besoins de développement de procédés « propres » se font de plus en plus pressant. D'un point de vue écologique, les nouvelles problématiques industrielles s'accentuent : comment faire face à une hausse de la consommation énergétique, tout en maintenant voire en accroissant les qualités des composants ?

Face à de telles exigences, les industries se diversifient et se tournent vers de nouveaux marchés jusqu'alors délaissés ou seulement exploités par de petites ou moyennes entreprises. Prenons par exemple un marché comme celui des véhicules de luxe. Selon la société SERA (groupe SOGE-CLAIR, www.sogeclair.com), la part d'un tel marché représenterait un volume de près de quatre millards d'euro pour une production européenne de 120.000 véhicules par an (voir tableau 1.1). Compte tenu des ces éléments, il devient alors évident que la nécessité de développer des procédés de fabrication adaptés à de tels marchés représente un enjeu commercial important.

A titre d'exemple, nous pouvons citer comme véhicules spéciaux :

Pays producteur	Production annuelle	Nombre de compagnies	Poduction moyenne par compagnie	Marché (K€)
Italie	67.200	16	4.200	2.221.800
France	40.430	18	2.246	463.920
Grande Bretagne	5.650	52	109	670.500
Allemagne	1.220	12	102	199.800
Pays-Bas et Suède	300	3	100	18.000
Autres	4.500	15	300	463.920
Total	119.300	116	1.028	3.979.020

TAB. 1.1 – Production européenne annuelle de véhicules spéciaux *(source : document Sculptor)*

- Véhicules de petites séries (50 véhicules par an en moyenne) : Covini, De Tomaso, Edonis, Pagani, Lamborgini (environ 400 véhicules par an), Spyker, Koenigsegg.

- Véhicules à propulsion électrique : Boxel.

- Véhicules transformés : véhicules funèbres, limousines, véhicules pour personnes à mobilités réduites...

- Véhicules à utilisation spécifique : véhicules d'entretien de la voie publique, véhicules d'intervention...

- Prototypes

1.2 Le formage incrémental : solutions existantes et limitations du procédé

1.2.1 Présentation du formage incrémental développé par Amino

La société Amino est la première à avoir proposé une solution technologique innovante en vue de répondre aux nouvelles exigences industrielles. Ce nouveau procédé, propre et économiquement intéressant, se nomme « technologie de formage numérique sans matrice » appelé plus communément, formage incrémental. Le principe du procédé est basé sur la déformation plastique localisée et progressive d'une tôle mince pour réaliser des formes complexes sous l'action d'un outil de formage. La déformation plastique est obtenue par la pression d'un outil à embout sphérique sur le flan, dont la trajectoire est contrôlée numériquement. L'équipement se compose d'un serre-flan permettant le maintien et le mouvement latéral du flan, d'une « matrice » de contre forme sur laquelle vient s'appuyer la tôle au cours du procédé, et de l'outil de formage. Les travaux du Professeur Matsubara de l'Université de Polytechnique du Japon sont à l'origine de ce procédé innovant (Matsubara, 1994). La figure 1.2 (*source Amino Corporation*) résume le principe de fonctionnement de la technologie proposée par Amino. Une programmation numérique permet d'assurer les mouvements dans le plan vertical assurés par le déplacement de la table sur laquelle sont fixés quatre montants verticaux servant de guides pour le déplacement incrémental selon l'axe vertical du support sur lequel est fixé le flan. Ce dernier déplacement vient plaquer la tôle sur l'outil de formage assurant ainsi la déformation localisée de la tôle.

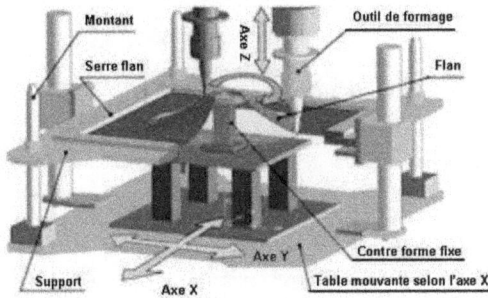

FIG. 1.2 – *Principe de fonctionnement du procédé Amino*

A titre illustratif, des exemples de pièces réalisées par formage incrémental Amino sont présentés figure 1.3 (source Amino Corporation).

FIG. 1.3 – *Exemples de pièces mise en forme par procédé Amino*

1.2.2 Position du procédé Amino par rapport aux exigences industrielles

Le procédé de formage incrémental actuellement disponible sur le marché industriel, présente l'ensemble des avantages évoqués précédemment. En revanche, les machines Amino n'autorisent pas la flexibilité totale espérée. La première raison est liée à l'investissement de la machine en elle-même. Bien qu'étant moins encombrante qu'une presse traditionnelle, la mise en place du formage incrémental Amino nécessite l'investissement d'une machine spécifique, ce qui limite ainsi la réduction des investissements initiaux. Aux coûts de la machine s'ajoutent également les charges associées à sa gestion et à son environnement. Comme nous l'avons mentionné précédemment, le principe de fonctionnement du formage incrémental Amino fait appel à une matrice de contre forme dont la géométrie est fonction de la pièce à réaliser. Cet aspect rend alors nécessaire le développement d'un outillage spécifique réduisant ainsi l'intérêt du procédé.

1.3 Besoin d'une nouvelle avancée technologique : le formage incrémental simple point

1.3.1 Position de la recherche mondiale

Comme nous venons de le voir précédemment, la technologie Amino ne répond pas entièrement aux exigences industrielles en termes de flexibilité et de réduction des coûts de production. La nécessité de réaliser une matrice de contre forme entraine des coûts supplémentaires, associés à des coûts de maintenance et de stockage, même si ceux-ci restent inférieurs aux coûts associés aux outillages d'emboutissage conventionnel.

Suite à l'application par Toyota du formage incrémental à des cas industriels, démontrant ainsi toute la faisabilité d'un tel procédé, les équipes de recherche travaillant sur le procédé de formage incrémental se sont développées. Ainsi au Canada, par exemple, le procédé a été utilisé dans le cadre d'un financement assuré par le département mécanique de Queen University (Centre for Automotive Materials and Manufacturing). En Europe, l'émergence des groupes de recherche autour du formage incrémental est effective depuis 2001. Nous dénombrons des groupes isolés en Allemagne, Belgique, Espagne, France et Italie, ainsi qu'au Royaume-Uni. L'ensemble des recherches effectuées concernent l'étude technologique, la simulation et l'optimisation du procédé, mais les applications industrielles n'ont pas encore réellement été étudiées. Aussi est-il nécessaire de développer la connaissance du formage incrémental en vue de réaliser l'implantation du procédé au niveau industriel, d'où la naissance de projets, comme le projet Sculptor, réunissant un ensemble de laboratoires et d'entreprises experts dans les domaines scientifiques et technologiques pouvant concourir au développement du procédé.

La carte de la figure 1.4 permet une visualisation des différentes équipes de recherche travaillant sur le formage incrémental.

1.3.2 Présentation du projet Sculptor

Les travaux présentés dans ce rapport ont été initiés dans le cadre d'un projet Européen STREP nommé SCULPTOR (projet n°NMP2-CT-2005-014026). L'objectif du projet est de fournir aux

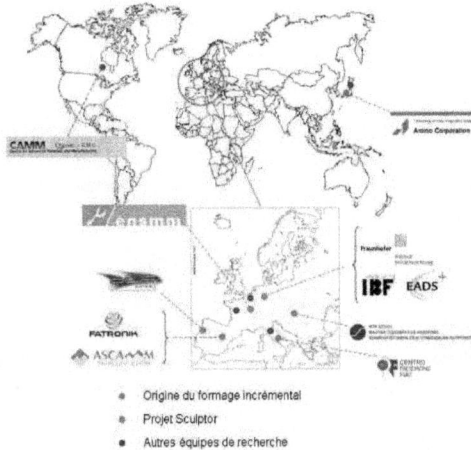

FIG. 1.4 – *Localisation des équipes de recherche réunies autour du formage incrémental dans le cadre du projet Sculptor*

industries européennes de mise en forme des tôles métalliques une technologie de formage innovante, optimisée, totalement flexible et écologiquement respectueuse, se substituant à moyen terme, aux procédés de formage standards comme l'emboutissage pour la production de pièces en petites et moyennes séries ou des applications de prototypage rapide. A plus long terme, une telle technologie pourrait apporter une réponse aux limitations des technologies existantes pour la production de pièces complexes. Un tel procédé innovant représente un réel potentiel dans le secteur de la mise en forme et son impact pourrait être important, comparable à celui engendré par le développement des machines à commandes numériques il y a quarante ans.

La réalisation d'un nouveau procédé de formage est à la croisée des connaissances développées dans différents domaines de recherche comme la conception et l'ingénierie concourante, les procédés de fabrication, l'instrumentation par capteurs et actionneurs et microsystèmes optoélectroniques et la science des matériaux. Le projet Sculptor s'inscrit dans cette démarche en visant la mise en oeuvre de matériaux dits « intelligents » basés sur l'intégration de capteurs, l'adaptation ou le développement de modèles numériques afin de simuler et prédire le comportement du matériau au cours du procédé et le développement associé de stratégies de formage, de méthodologies expérimentales adaptées ainsi que d'un ensemble d'outillages instrumentés incluant des éléments actifs pilotables.

Les bénéfices escomptés, conséquences directes du principe de base du procédé, peuvent s'énumérer ainsi :

– Amélioration de 15% de la précision géométrique et de l'état de surface du produit final en comparaison aux techniques traditionnelles.

– Limitation du nombre d'opérations dans la chaîne de production réduisant le temps total de production de 70% par rapport aux procédés standards.

– Ouverture à des marchés nouveaux grâce à une production de pièces de géométries plus complexes.

– Reduction des investissements initiaux de 70% due à la suppression des outillages spécifiques aux procédés conventionnels de mise en forme des structures minces (poinçon, matrice).

– Amélioration des conditions de travail (limitations des efforts physique à fournir, procédé silencieux...).

– Réduction d'environ 12% des déchets industriels et de la consommation énergétique.

– Suppression des coûts de stockage et réduction des coûts de maintenace de 75%.

Le développement d'une nouvelle technologie est susceptible de relancer la concurrence et la croissance économique de l'industrie mécanique europénne à travers la réduction des coûts de production directs et indirects, la réduction du temps de production total, tout en conférant au procédé une flexibilité accrue permettant la réalisation de pièces au design innovant et complexe ouvrant la porte aux entreprises à de nouveaux marchés potentiels. Pour atteindre ce but, le projet Sculptor propose la création d'un pôle de recherche constitué d'un panel d'experts qualifiés dans différents domaines scientifiques et technologiques, fournissant en parallèle une source de partage des connaissances au niveau européen.

La suppression des outillages spécifiques utilisés dans les procédés d'emboutissage standards est à l'origine des principaux avantages qu'offre le formage incrémental, à savoir : la réduction des investissements initiaux, des coûts de stockage et de maintenance, ainsi que la réduction du temps total du cycle de production de plus de 70% pour certains produits.
Ce dernier avantage est également lié à la réduction du nombre d'opérations réalisées jusqu'alors sur plusieurs postes de travail dans une chaîne de production standard, mais aussi grâce à la mise en oeuvre d'un procédé plus « réactif ». En effet, la déformation progressive du flan est assurée par le mouvement d'un outil de formage de forme simple, contrôlé par une machine à commande

numérique. Ainsi, par la mise en place d'un organe assurant la communication entre le langage utilisé par la CN et le modèle CAO de la pièce à produire, des modifications peuvent être apportées dans un délai très court. Ceci représente un réel intérêt pour des secteurs comme l'industrie automobile où des modifications tardives dans un projet d'avancement sont à l'origine de lourds retards de production. Il en va de même dans le cas d'erreurs ou de difficultés intervenants dans la mise en place des phases d'essais indissociables des procédés d'emboutissage traditionnels. C'est pourquoi l'ensemble phases de développement et de production est directement concerné par les avantages offerts par une technologie telle que le formage incrémental :

– Le produit est directement réalisable à partir du modèle CAO–FAO, permettant la validation immédiate du design,

– Le temps de fabrication des outillages est quasiment nul en comparaison avec la durée nécessaire pour produire les outillages d'emboutissage standards qui peut aller jusqu'à plusieurs mois,

– Des modifications simples et rapides du design du produit sont possibles à tous les niveaux de la chaîne de production,

– Une seule phase d'essai et de validation est nécessaire,

– Les opérations de finition sont inexistantes.

A titre d'exemple, en se basant sur la méthodologie de production exposée figure 1.5, le temps de production nécessaire à la mise sur le marché de véhicules spéciaux est estimé à 3-4 mois au lieu des 10-12 mois actuellement requis, ce qui représente un gain de 70%.

La réduction des coûts associés à l'ensemble du cycle de production résulte des points suivants :

– Evolution vers un procédé automatisé et standardisé permetant de réduire de 90% les phases de finition, réduisant ainsi les coûts économiques et environnementaux. De plus, une réduction du taux de rebus de 50% est attendue en comparaison avec un procédé de fabrication totalement manuel,

– L'absence de matrice spécifique supprime les coûts de maintenance associés. Selon le procédé employé, la réalisation de matrice de formes basiques peut s'avérer nécessaire. Dans ce cas, ces dernières sont fabriquées à partir de matériaux bon marché en utilisant des procédés d'usinage ou de formage peu onéreux. Ces matrices étant peu coûteuses et n'ayant qu'une fonction de « soutien » de la pièce en cours de procédé, ne nécessitent pas de maintenance. D'autre part, la réduction, voire la suppresion des zones de stockage, associée au procédé de formage incrémental

Procédé actuel

| Conception du produit |
| Dessin technique manuel |

| Définition du process |
| Choix des outils |

| **Procédé de fabrication** |
| Réalisation manuelle et unitaire des pièces définissant le produit |

| **Assemblage du produit** |

| **Optimisation du produit** |
| En raison d'un procédé totalement manuel, les pièces fabriquées nécessitent une optimisation spécifique à chacune d'entre elles selon le véhicule considéré. Cette phase d'essai peut être réitérée 2 à 3 fois avant la validation de la pièce considérée |

| **Phase de finition** |
| Une phase de finition est parfois nécessaire pour certaines parties du véhicule où un revêtement plastique peut être appliqué |

| **Produit fini** |

Procédé utilisant le formage incrémental

| Conception du produit |
| Modèle CAO 3D |

| **Définition du process** |
| Réalisation d'un fichier type « FAO » |

| **Procédé de fabrication** |
| Réalisation de la pièce par déformation incrémentale |

| **Assemblage du produit** |

| **Produit fini** |

Selon les besoins, modification directe des fichiers CAO / « FAO ». Cette opération peut être réalisée en cours de procédé.

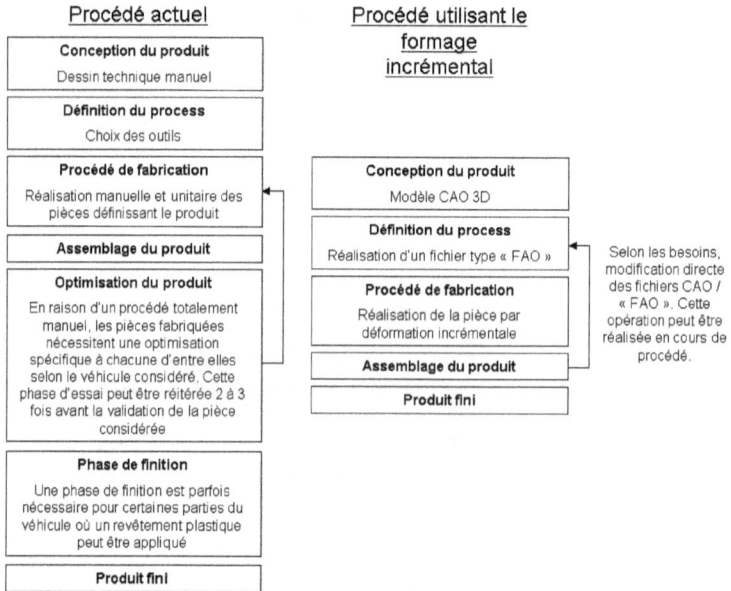

FIG. 1.5 – *Méthodologie de production de pièces pour véhicules spéciaux*

est également source de réduction des coûts,

– Une diminution des coûts de main d'oeuvre due à la suppresion de certaines étapes de production, et à l'automatisation des travaux de préparation.

Une nouvelle technologie dans le domaine de la mise en forme représente également une avancée au niveau de la protection physique des employés. En effet, l'opération de formage incrémental se réalise grâce à des machines à commande numérique peu bruyantes et ne nécessitant pas un effort physique intense, ni de contact direct avec la pièce en cours de fabrication. Il s'agit donc d'un réel progrès en matière de sécurité et de protection de l'opérateur. De même, la suppression des phases de finition faisant appel à des produits toxiques et dangereux tels que les résines époxydes, hautement polluantes et dangereuses pour la santé des employés qui les manipulent en raison des vapeurs émises, confirme le progrès d'un tel procédé tant du point de vue humain qu'environnemental.

Bien qu'il ne s'agisse pas du principal avantage de cette technologie, étant donné le champ d'application du formage incrémental, il est important de préciser à nouveau qu'avec ce procédé, seuls les composants nécessaires sont réalisés. Ainsi les méthodes de production en lots deviennent obsolètes, réduisant alors le rebus de pièces détériorées à la suite d'une durée de stockage trop importante ou encore évitant la destruction d'un lot complet suite à une erreur de conception ou de fabrication. En ce sens, une telle technologie est à l'origine de gains importants aussi bien en termes de ressources économiques que de ressources humaines.

Afin de rendre possible la mise en place d'un tel procédé de mise en forme, le projet Sculptor s'est organisé autour d'un consortium assurant le regroupement d'experts dans différents domaines de la recherche scientifique (mécanique, science des matériaux, modélisation, simulations numériques...), de l'industrialisation et du secteur industriel (automobile, aéronautique...). La liste des participants constituant le consortium est décrite dans le tableau 1.2.

Partenaire	Désignation du partenaire	Pays
Fatronik Fundacion	FTK	Espagne
Ascamm Fundation	ASCAMM	Espagne
Centre Ricerche FIAT S.C.p.A	CRF	Italie
DISTRIM2	DISTRIM2	Portugal
EADS Deutschland GmbH	EADS	Allemagne
Fraunhofer ISC	ISC	Allemagne
Ecole Nationale Supérieure de Mécanique et des Microtechniques de Besançon Institut FEMTO-ST Département Mécanique Appliquée	ENSMM FEMTO-ST/LMA	France
Rheinisch-Westfälische Technische Hochschule Aachen	IBF	Allemagne
MTA Szamitastechnikai es Automatizalasi Kutato Intezet	SZTAKI	Hongrie

TAB. 1.2 – Liste des participants au projet Sculptor

L'équipe de l'IBF (Institut de Mise en Forme, Aix-la-Chapelle) travaillant sur les procédés de formage de précision prend part au projet en tant que spécialiste en modélisation numérique et analytique des procédés. L'Institut Fraunhofer-ISC développe une expérience dans l'étude des matériaux « intelligents ». L'ENSMM associée au Département de Mécanique Appliquée de l'Institut

FEMTO-ST est intégrée au projet Sculptor afin de mettre en place un contrôle en ligne du procédé par la réalisation d'outils de formage capables de mesurer l'épaisseur du flan en cours de procédé et par la mise en place d'un schéma d'optimisation. SZTAKI est chargé du développement des techniques de contrôle du procédé. La société FATRONIK, responsable du management du projet, a pour objectif d'intégrer les technologies développées par les différents centres de recherche, au sein d'un prototype, afin de réaliser l'implantation du procédé de formage incrémental au niveau industriel. EADS et le CRF ont pour but de valider les résultats pour des applications dans les domaines aéronautiques et automobiles, alors que DISTRIM2 représente les PME développant des applications de prototypage rapide. Enfin, ASCAMM, spécialisé dans la réalisation d'outil spéciaux pour les filières plastiques et métalliques, se charge des activités de diffusion auprès des entreprises.

1.4   Présentation du formage incrémental mono point

Comme la majorité des secteurs industriels, le domaine du formage des structures minces évolue au fil du temps afin de répondre à des exigences de plus en plus strictes en termes d'optimisation de production, de réduction des coûts et de temps de production. C'est pourquoi certaines équipes de recherche et de développement se sont tournées vers la recherche de solutions adaptées afin de répondre à ces exigences croissantes et de pouvoir proposer au secteur industriel une nouvelle technologie de formage. Basé sur le principe du formage « sans matrice », le développement du formage incrémental mono point concrétise le fruit des efforts réalisés par la communauté scientifique. Grâce à un principe de formage innovant en comparaison aux procédés conventionnels, le formage incrémental mono point supprime totalement l'utilisation du couple outil poinçon/matrice et repose sur la déformation locale du flan imposée par le déplacement d'un outil de formage de forme simple dont la trajectoire est pilotée par une machine à commande numérique. Le problème d'une flexibilité moindre observée dans le cas du procédé Amino, mettant en oeuvre une machine spécifique associée à des outillages de contre forme, se trouve alors résolu.

La figure 1.6 schématise le principe du procédé de formage incrémental mono point que nous désignerons par la suite SPIF pour « Single Point Incremental Forming » ou plus généralement ISF pour « Incremental Sheet Forming ». Le flan est maintenu en position grâce à une plaque de maintien rigide venant plaquer le matériau sur un support creux bridé sur la table mobile d'une machine CN. La forme de ces éléments peut aussi bien être carrée, rectangulaire, circulaire ou encore quelconque. Ces deux éléments constitueront le serre-flan par analogie aux procédés conventionnels. L'effort de maintien est assuré par de simples pinces. L'outil cylindrique, que nous nommerons également « poinçon », présente une tête de forme hémisphérique.

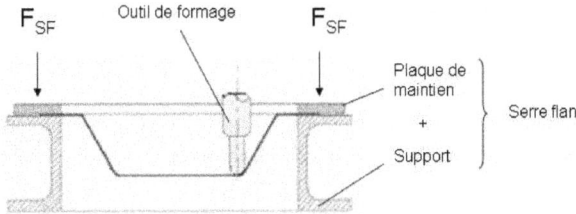

FIG. 1.6 – *Principe du formage incrémental mono point*

En ISF, la géométrie finale est générée par le mouvement de l'outil piloté par le système de contôle numérique d'une machine CN. L'ensemble des positions prises par le poinçon impose alors au flan une déformation localisée, consistant à repousser la matière selon un chemin défini.

La figure 1.7 schématise l'évolution des procédés de mise en forme abordés aux paragraphes précédents.

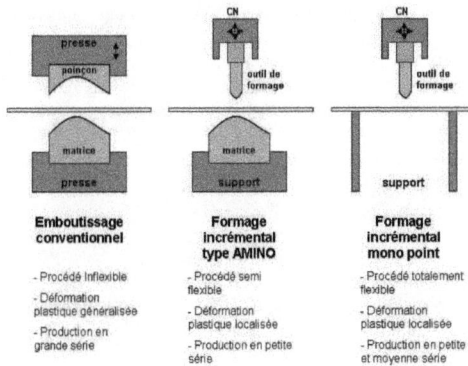

FIG. 1.7 – *Evolution des procédés de mise en forme*

Directement en relation avec son principe de base, les principaux avantages du formage incrémental peuvent ainsi se résumer :

– Des investissements réduits (Leach et al., 2001) ;

– Le mouvement de l'outil est contrôlé par une machine à commande numérique : un centre d'usinage trois axes de bonnes capacités est bien adapté pour mettre en place le procédé ;

– Une flexibilité accrue : il suffit de modifier le programme de la CN pour produire des pièces de formes différentes. La production est rentabilisée dès la première pièce.

– Le procédé peut être utilisé pour des applications de types prototypage rapide, mais aussi pour mettre en forme des pièces à caractère ancien, comme c'est le cas dans la rénovation d'anciennes automobiles pour lesquelles les matrices sont aujourd'hui inutilisables (Amino et al., 2002) ;

– Une meilleure formabilité comparée aux procédés d'emboutissage standards. Cette caractéristique est due à un état de contraintes favorable induit par le poinçon durant la déformation locale du flan (Kim and Yang, 2001).

En contrepartie des avantages décrits ci-dessus, les inconvénients majeurs du procédé sont les suivants :

– Le formage incrémental est un procédé relativement lent. Compte tenu des déformations locales imposées par l'outil, une longue trajectoire doit être décrite afin de mettre en forme des pièces à géométries complexes. En dépit des machines à commandes numériques dotées de vitesses d'avance élevées, la mise en forme d'une pièce atteint plusieurs dizaines de minutes (Hirt et al., 2002) ;

– La précision géométrique des pièces obtenues n'est pas parfaite. En effet, comme le flan est simplement maintenu le long de son contour, il est libre de fléchir en cours de procédé. De même le phénomène de retour élastique entre en jeu comme c'est le cas pour l'ensemble des procédés d'emboutissage.

Compte tenu de l'importance du formage incrémental, les paragraphes suivants présenteront de manière détaillée les aspects géométriques de ce procédé. Pour le moment, certaines stratégies sont proposées afin de minimiser les erreurs géométriques induites par le procédé.

1.4.1 Remarques générales sur la précision géométrique obtenue en formage incrémental mono point

La conception de composants mécaniques requiert la définition des tolérances de fabrication associées à la pièce. Bien souvent, le produit est fabriqué dans le respect des contraintes d'assemblage impliquant une définition soignée des paramètres du procédé utilisé. Par exemple, dans le cas de l'emboutissage, une grande attention est portée à la définition des paramètres (rayons de poinçon et de matrices, etc.) en vue de compenser le retour élastique (Thomsen et al., 1965).

Malheureusement, les problèmes cités précédemment se trouvent amplifiés lorsque la technologie de formage incrémental est employée. Si d'un côté l'idée d'obtenir la géométrie finale par la seule action d'un outil mobile simplifie le procédé et le rend moins onéreux, d'un autre côté, les mouvements de corps rigides associés aux effets de retour élastique sont induits par le procédé pénalisant ainsi la précision géométrique du produit fini.

Afin de mettre en évidence les principaux défauts géométriques associés à l'ISF, considérons le cas simple de la mise en forme d'une pièce tronconique par formage incrémental mono point. Le flan est uniquement bloqué en position par une force de pression appliquée sur son contour. Les erreurs géométriques, définies selon trois typologies différentes et mises en évidence lors du relachement de l'action du poinçon, sont observables sur la figure 1.8 :

– Une zone de flexion apparaît près de la grande base du tronc conique. Une telle imprécision peut se solutionner par l'utilisation d'un plateau supplémentaire venant maintenir la tôle horizontalement ;

– Lors du relâchement de l'action de l'outil de formage, le flan « remonte » et la profondeur finale du produit est inférieure à celle désirée ;

– Une courbure de la partie non déformée de la pièce est observée près de la petite base du tronc de cône.

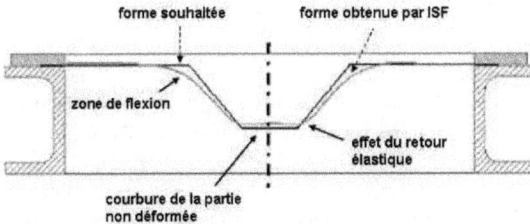

FIG. 1.8 – *Illustration des principaux défauts géométriques survenant au cours du procédé de formage incrémental mono point*

L'erreur géométrique peut être définie par la distance séparant le profil mesuré obtenu expérimentalement du profil théorique. Afin de réduire cette erreur, une attention particulière doit être apportée lors de la mise en oeuvre du procédé incluant notamment une trajectoire d'outil optimisée (?). Il existe d'autres sources expliquant l'imprécision géométrique des pièces mises en forme par SPIF. Celles-ci trouvent leur origine dans le mode de déformation de la tôle en cours de procédé. En effet, si nous considérons une surface élémentaire appartenant au flan, celle-ci va voir son état d'équilibre perturbé par le passage progressif de l'outil de formage. A chaque instant, la surface élémentaire considérée, et donc la structure mécanique associée, va tendre vers un nouvel état d'équilibre des contraintes. Par conséquent, il est possible que des distorsions de la matière apparaissent et provoquent des écarts de forme entre la géométrie obtenue et celle désirée (Micari et al., 2007). Bien entendu, ces distorsions sont directement liées à la forme de la pièce produite, au matériau utilisé ainsi qu'à l'épaisseur du flan. Ces paramètres devront être considérés avec rigueur.

1.4.2 Facteurs influençant la précision géométrique

Plusieurs paramètres affectent les mécanismes de déformation du flan en formage incrémental mono point et jouent donc un rôle important dans la précision géométrique. Il est nécessaire de distinguer les paramètres du procédé (diamètre d'outil, incrément vertical entre deux rotations dans le plan horizontal, vitesse de rotation de l'outil, choix du lubrifiant), les paramètres du matériau (niveau d'écrouissage, anisotropie, module d'Young) et les paramètres géométriques de la pièce à mettre en forme (épaisseur du flan, géométrie, état de surface) (Jeswiet et al., 2005).

Si les paramètres du procédé résultent du choix de la technologie de fabrication et donc du procédé employé, il n'en est pas de même pour les autres paramètres qui, généralement, ne peuvent pas être modifiés.

En ce qui concerne les paramètres de procédé, un compromis est généralement défini afin de garantir la formabilité nécessaire tout en respectant la précision du produit final, un état de surface acceptable ainsi qu'un temps de mise en forme limité. A titre d'illustration, bien que la réduction de l'incrément vertical de l'outil de formage permette d'améliorer l'état de surface, un nombre plus important de cycles dans le plan horizontal est nécessaire pour achever le procédé, augmentant ainsi le temps de formage et diminuant par conséquent le rendement de production (Iseki, 2001a). De même, un diamètre d'outil plus grand améliore la qualité de l'état de surface mais réduit la formabilité du matériau en raison de l'augmentation de la surface de contact (Hirt et al., 2004). Le choix des paramètres du procédé dépend donc d'un équilibre entre ces différents paramètres et les résultats souhaités.

Les considérations précédentes mettent en évidence des problèmes d'adaptabilité du formage incrémental au niveau industriel. Pour le moment, outre un temps de mise en forme important, l'utilisation de l'ISF se trouve limitée en raison d'un manque de connaissances par rapport à des applications spécifiques (Ambrogio et al., 2005c) (Jeswiet and Hagan, 2001).

Actuellement, plusieurs études sont disponibles, mais seules des considérations mettant en relation la formabilité du matériau et l'état de surface avec les paramètres du procédé ont été abordées. Actuellement, peu d'études ont été focalisées sur la précision géométrique. Nous pouvons cependant citer les travaux de Ambrogio et al. dans lesquels une analyse expérimentale démontre une réduction des erreurs géométriques lors de l'utilisation d'un poinçon de petit diamètre couplé à un faible incrément vertical (Ambrogio et al., 2004).

Par ailleurs, d'autres investigations expérimentales ont été menées afin d'étudier l'influence de l'épaisseur du flan sur la précision géométrique. De simples troncs de cônes ont été formés par ISF à partir de flans d'épaisseurs différentes. La figure 1.9 met en évidence une réduction de l'erreur géométrique pour des tôles d'épaisseurs plus importantes. De plus, les essais réalisés ont démontré que la précision obtenue dépendait non seulement de l'épaisseur de la tôle mais aussi du rapport entre le diamètre de l'outil et l'épaisseur du flan (Ambrogio et al., 2004).

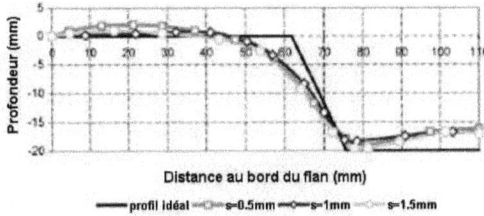

FIG. 1.9 – *Mise en évidence de la relation liant les écarts de géométrie à l'épaisseur s du flan (Ambrogio et al., 2004)*

Il est également important de souligner l'influence du système de serrage du flan et de la géométrie de la pièce à obtenir. Il est évident que la précision dépend de la position de la zone à mettre en forme en regard du système de serrage. La distance entre la zone de formage et le système de serrage doit être la plus petite possible afin de limiter les effets de flexion du flan durant sa mise en forme. Cette réflexion amène à considérer la nécessité d'utiliser un plateau supplémentaire venant soutenir la tôle durant le procédé. La forme de ce dernier dépend naturellement de la géométrie de la pièce à produire. D'autre part, l'effort de maintien augmente la rigidité du flan et réduit les mouvements non désirables de celui-ci en cours de procédé (Ambrogio et al., 2003).

Des conclusions similaires peuvent être énoncées concernant les effets de la géométrie à obtenir sur la qualité du composant final. La présence de certaines discontinuités limite les mouvements de la tôle et amoindrit la précision du procédé.

1.4.3 Méthodes de mesures employées en formage incrémental des tôles

La mesure expérimentale des erreurs représente certainement le point de départ d'une démarche d'optimisation. Actuellement, deux méthodes de mesures sont utilisées.

Mesures « off-line »

Les moyens de mesurer les erreurs géométriques induites par le formage incrémental sont basés sur l'utilisation soit de systèmes commerciaux, soit de systèmes de mesures développés en laboratoire (Ambrogio et al., 2006) (Ambrogio et al., 2005b). Les plus utilisés sont les suivants :

– Scanners laser, basés sur le principe de triangulation d'un faisceau laser permettant l'obtention d'un nuage de points. Le nuage de points ainsi obtenu permet de reconstuire la surface de la pièce analysée. Ce système de mesure sans contact présente l'avantage d'être très rapide, mais est cependant très onéreux, et la pièce à mesurer doit subir un traitement de surface afin de garantir à la tôle une opacité suffisante pour que la mesure laser soit efficace (Bambach et al., 2005) ;

– Systèmes de mesures directs, basés sur l'utilisation d'un palpeur venant relever les coordonnées d'un point de l'espace. La précision de la mesure est moins bonne que dans le cas d'une mesure laser mais l'investissement est moindre ;

– Systèmes de mesures 3D (machines à mesurer en 3D) alliant la technologie laser aux palpeurs 3D. Cette méthode est certainement la plus évoluée dans le domaine de la mesure (Varady et al., 1997). Ce système présente une très grande précision mais nécessite un étalonnage parfait.

Mesures « on-line »

Un nouveau concept est aujourd'hui implanté sur les centres d'usinage multi-axes modernes. En effet, certains fournisseurs proposent la mise en place de systèmes de mesures directement installés sur la broche ou le mandrin de la machine. Ces systèmes de mesures, initiallement conçus pour compenser l'usure des outils de coupe, peuvent également être utilisés pour mesurer la géométrie d'une pièce formée par SPIF. Cette mesure peut alors permettre d'apporter une correction de certains paramètres du procédé (trajectoire d'outil, effort d'outil...). Il est raisonnable de penser que de tels systèmes, permettant une mesure en cours de procédé, pourront être utilisés, développés et complétés, afin de rendre le procédé ISF « auto-contrôlé » ou « auto-contrôlable ».

1.4.4   Analyse des stratégies d'amélioration de la précision géométrique

Les écarts de forme et de géométrie peuvent être réduits par le biais de différentes stratégies. Deux catégories de stratégies peuvent être distinguées : la première repose sur l'utilisation de différents types de support, la seconde est basée sur l'optimisation de la trajectoire d'outil réduisant les erreurs enregistrées après retour élastique. Quelques unes des principales techniques d'optimisation sont présentées dans les paragraphes suivants.

Utilisation d'un « support flexible »

Une méthode possible visant à réduire les écarts de forme observés entre la pièce mise en forme par SPIF et la pièce théorique repose sur l'utilisation d'un « support flexible » placé sous le flan. En particulier, l'utilisation d'un contre outil en élastomère a été proposée afin de supporter la tôle durant le procédé (voir figure 1.10). Tanaka et al. (1999) a ainsi mis en évidence que les effets liés au retour élastique se trouvaient réduits par l'utilisation d'un tel contre outil.

D'autres avantages concernant la formabilité du matériau sont également associés à la mise en oeuvre d'un tel support. En effet, un état de contraintes hydrostatiques est généré dans la section du flan prise entre le poinçon et le contre outil réduisant ainsi le risque de fissures (Iseki and

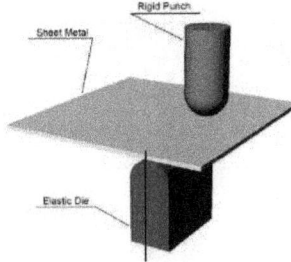

FIG. 1.10 – *Utilisation d'un contre outil en élastomère pour l'optimisation du procédé SPIF* (Tanaka et al., 1999)

Kumon, 1994) (Shim and Park, 2001). En contre-partie, le coût de l'outillage augmente par rapport au procédé de formage incrémental mono point, même si le contre outil en élastomère peut être utilisé pour différentes formes de pièces.

Utilisation d'une force de « contre formage »

L'idée repose ici sur l'utilisation d'un jet d'eau sous pression venant créer le même état de contrainte hydrostatique que celui imposé par le poinçon et le contre outil en élastomère (Iseki, 2001b). Le coût additionnel est ici réduit par rapport à l'utilisation d'un support flexible. Cependant, la pression du fluide doit être parfaitement réglée afin de permettre l'amélioration de la précision géométrique et réduire ainsi les effets négatifs du retour élastique. Dans le cas d'une pression trop importante, des gonflements locaux de la tôle viennent réduire la qualité de l'état de surface augmentant ainsi les écarts de géométrie entre le modèle CAO et la pièce obtenue (Maki).

Formage incrémental multi-points

D'intéressantes études ont été menées concernant le développement de machines spécifiques capables de contrôler plusieurs poinçons en même temps (Chen et al., 2005).

Cette technique permet de former des pièces de formes complexes et de réduire le retour élastique du matériau en raison de l'emploi d'un ensemble de contre outils (voir figure 1.11). Bien qu'étant efficace, cette méthode est très onéreuse et ne peut pas être mise en place sur une machine à commande numérique conventionnelle. De plus, le développement de programmes adaptés à de telles machines constitue un élément critique dans cette approche, compte-tenu de la difficulté de leur mise en œuvre dans ce domaine d'applications.

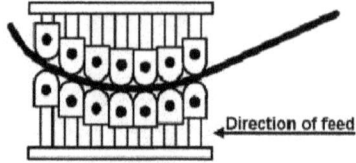

FIG. 1.11 – *Formage incrémental multi points* (Chen et al., 2005)

« Backdrawing incremental forming »

Le « Backdrawing Single Point Incremental Forming » représente une approche intéressante permettant de résoudre les problèmes de précision géométrique. Dans ce procédé, le poinçon vient déformer plastiquement le flan en travaillant successivement de part et d'autre de celui-ci (voir figure1.12). L'installation d'un équipement sur une machine 4 axes permet de supprimer les effets négatifs des opérations de « montage/démontage » successifs de la tôle sur le support, lorsque l'opération était effectuée sur une machine 3 axes. Cette alternance permet de corriger les erreurs survenues au cours de la déformation du premier côté du flan, lors du travail de l'outil sur le second côté.

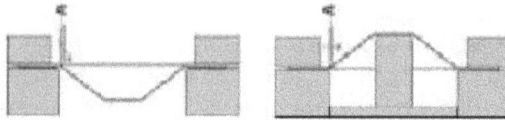

FIG. 1.12 – *« Backdrawing Single Point Incremental Forming »* (Ambrogio et al., 2006)

Le procédé de « Backdrawing SPIF » est relativement nouveau et présente certains avantages particulièrement dans le cas de la mise en forme de pièce à géométrie complexe, ou encore quand l'utilisation de supports spécifiques est rendue impossible. De plus, cette méthode permet de produire des pièces caractérisées par une surface latérale perpendiculaire à la base, c'est-à-dire avec une paroi inclinée à 90°. Si l'on se réfère à la « loi sinus » exprimant l'épaisseur du flan à un instant donné en fonction de l'épaisseur initiale, une surface inclinée à 90° ne peut être réalisée par formage incrémental mono point standard.

Une application du « Backdrawing SPIF » a été développée par Ambrogio et al. (2006). Utilisant à la fois une trajectoire d'outil optimisée et une mise en forme en deux étapes correspondant à la déformation d'un côté puis de l'autre du flan, il est possible d'obtenir la pièce de la figure 1.13.

FIG. 1.13 – *Exemple de formage d'une pièce par « Backdrawing SPIF »* (Ambrogio et al., 2006)

Définition de trajectoires d'outil optimisées

Dans le but de préserver le principe de base du formage incrémental mono point, une alternative pour l'optimisation en ISF a été abordée par différentes équipes de recherche (Yoon and Yang, 2002) (Bambach et al., 2004). Cette approche est construite sur la définition d'une trajectoire d'outil différente de celle issue du modèle CAO de la pièce à mettre en forme mais capable de générer cette même géométrie après le relâchement des contraintes de formage (retrait du poinçon, suppression des efforts de maintien).

Il est intéressant de rappeler que le chemin d'outil décrit en SPIF est généralement généré par le biais de logiciels de CAO/FAO initialement dédiés à des applications d'usinage. Dans le cas de l'usinage, la position de l'outil est uniquement définie par sa tangence à un profil et à une trajectoire mais il n'en est pas de même en formage incrémental. Il est donc indispensable de développer un module spécifique afin de construire une trajectoire d'outil adaptée, capable de fournir la géométrie désirée.

Le principe repose ici sur la génération d'une déformation supplémentaire durant le procédé afin de compenser les erreurs survenant lors des phases de relâchement des contraintes. Le problème est alors de prévoir avec certitude les erreurs géométriques associées, et de définir une correction de la trajectoire d'outil adéquate.

Pour le moment, une première approche d'optimisation de trajectoire s'appuyant sur les considérations précédentes a été développée par Ambrogio et al. (2005a). Dans cette approche, la mesure expérimentale de l'écart géométrique entre la pièce théorique et celle obtenue a permis de définir une correction adaptée.

1.4.5 Conclusions partielles

L'analyse des différents travaux menés sur le formage incrémental permet de tirer quelques conclusions :

– La communauté scientifique semble unanime concernant la nécessité d'accroître les connaissances en formage incrémental afin de rendre ce procédé viable d'un point de vue industriel ;

– Le manque de précision géométrique des pièces formées par SPIF représente certainement la plus grande faiblesse du procédé ;

– Considérant les différentes études visant à résoudre les problèmes de géométrie, l'optimisation de la trajectoire de l'outil de formage semble être la stratégie la plus prometteuse ;

– Enfin, il paraît raisonnable de penser que les recherches portant sur le formage incrémental vont se poursuivre et permettre l'amélioration de ce procédé caractérisé par une flexibilité accrue, justifiant le nombre d'avantages réels pour le domaine du formage des structures minces.

1.5 Objectifs scientifiques et techniques - Impacts potentiels du SPIF

Parallèlement à ceux du projet Sculptor, les principaux objectifs des travaux de thèse développés dans le présent mémoire sont centrés autour du développement des savoirs et des savoirs faire associés à un procédé de formage de structures minces innovant, et permettant sa mise en application de manière optimisée, en toute sécurité et répondant aux nouvelles exigences industrielles. Derrière cet objectif principal, les sous objectifs scientifiques et technologiques suivants seront distingués :

– Développement d'un pilote expérimental de laboratoire afin de tester et de valider les potentialités du formage incrémental mono point, d'en établir les caractéristiques et avantages et d'en déterminer les limites.

– Etude numérique et expérimentale du procédé afin de définir des méthodologies optimisées de mise en forme : établissement de stratégies pour le chemin d'outil, gestion des paramètres du procédé, choix des outils de formage, etc. L'objectif de cette étude est de mettre en évidence la possibilité de contrôles de l'épaisseur du flan, ainsi que d'améliorer la précision géométrique des composants obtenus par formage incrémental.

– Développement d'outillages dits « intelligents » dont la conception est basée sur l'intégration de capteurs, actionneurs et éléments actifs, afin d'accroître les connaissances sur l'évolution des caractéristiques du flan en cours de procédé, notamment l'amincissement, et de rendre celui-ci contrôlable. Par ailleurs, la mesure « en ligne » des caractéristiques du flan permettra de valider l'utilisation du modèle numérique et de développer la maîtrise du procédé.

Dans le cadre du projet Sculptor, deux autres sous objectifs sont visés :

– Développement d'un système de contrôle actif basé sur l'intégration de capteurs et d'actionneurs au niveau de l'outillage, du flan et du serre-flan. D'une part, l'utilisation de capteurs de
force intégrés à l'outil de formage permet la détection et le contrôle de l'effort de formage exercé
par l'outil sur le flan. D'autre part, la mise en oeuvre d'un flan instrumenté autorise la mesure
des déformations et de l'épaisseur en cours de procédé. Le contrôle actif du procédé à partir de
la mesure de ces paramètres consiste en une modification de l'effort de maintien exercé par le
serre-flan afin d'éviter tous risques de plissement ou d'apparition de fissures, et engendre dans
le même temps la modification de la trajectoire d'outil en termes de position et d'efforts de
formage.

– Réalisation d'un prototype du procédé ISF dans le cadre de Sculptor et développement de technologies de contrôle actif pour applications industrielles.

Revenons maintenant sur les impacts potentiels d'une telle technologie sur des aspects tels que la
croissance économique et la relance de la concurrence dans le secteur du formage des structures
minces au niveau européen.
Le développement du formage incrémental peut être à l'origine de la relance de la compétitivité et
de la croissance économique de l'industrie européenne notamment au travers de la réduction des
coûts directs et indirects occasionnés par la production de pièces. A cela s'ajoute une réduction
du temps de production total associée à une augmentation de la flexibilité du procédé permettant
la fabrication de pièces innovantes et par conséquent l'ouverture vers de nouveaux marchés. Ré-
sumons les principaux avantages écomiques associés au développemet du formage incrémental :

– Réduction considérable des investissements initiaux en s'affranchissant des coûts associés au
développement et à la réalisation des outillages spécifiques (le coût de certaines matrices peut
s'élever à 200.000 € et plus) ainsi qu'à l'utilisation de presses non adaptées à la réalisation de
prototypes ni même aux petites et moyennes séries. La fléxibilité accrue du formage incrémental
permettra, aux PME en particulier, de produire un ensemble de pièces de matériaux différents
et au design innovant avec des investissements initiaux modérés : en effet, il suffit de disposer
d'une machine à commande numérique.

– Possibilités accrues en termes de design : la flexibilité du procédé permet la réalisation de
composants aux géométries complexes réalisables en une seule phase de production. Cette technologie permet également la réalisation de prototypes à partir de matériaux métalliques au lieu
des matériaux non métalliques jusqu'alors principalement utilisés pour ces applications faisant

classiquement appel à des procédés tel que le thermoformage. Aussi les industries européenes verront leur compétitivité et leurs parts de marché s'accroître grâce à un catalogue plus vaste proposant de nouveaux produits.

– Ouverture des marchés : la mise en application d'une nouvelle technologie de mise en forme joue un rôle considérable dans l'ouverture des marchés pour les concepteurs et les entreprises de production, en rendant possible la réalisation de pièces métalliques de type structures minces, jusqu'alors non rentables du fait de coûts de production d'outillage élevés.

– Réduction du temps de production total de plus de 70% dans la plupart des cas. Ce gain de temps de production représente un progrès potentiel pour la compétivité des entreprises européennes de toutes tailles et des industries employant des composants métalliques.

– Contrôle accru des dangers économiques à travers :

  • Des risques économiques réduits : les investissements initiaux, à savoir une machine à commande numérique, peuvent facilement être rentabilisés par des réalisations variées. Par ailleurs, la mise en place d'une chaîne de production par formage incrémental est une opération simple et rapidement réalisable, augmentant ainsi la compétivité des entreprises. Enfin, la suppression des outillages de mise en forme classiquement utilisés dans les procédés conventionnels réduisent les risques liés aux erreurs de conception ou de fabrication à l'origine du rebus de toute une série de pièces,

  • Un risque de baisse de productivité moindre liée à l'usure prématurée des outils de formage (mauvaise conception, durée de stockage importante...).

– Réduction des coûts sur l'ensemble du cycle de production grâce à :

  • Une diminution des coûts de stockage des outillages de 90% (les outils utilisés en formage incrémental sont moins encombrants et non spécifiques par rapport à une forme donnée),

  • Une diminution des coûts de maintenance estimée à 75%,

  • Une suppression des coûts associés aux outillages classiques adaptés aux presses standards,

  • Une utilisation plus souple et moins coûteuse par rapport aux procédés de formage à chaud.

Afin d'illustrer davantage les gains associés au développement du formage incrémental, les coûts relatifs à la production de composants tests ont été comparés (Rodriguez, 2006). Le premier composant utilisé dans cette étude est une pyramide à base carrée. Ce composant est d'une part réalisé par formage incrémental avec matrice de contre forme (procédé type Amino), et d'autre part par emboutissage conventionnel. Les principaux coûts sont résumés dans le tableau 1.3.

Procédé utilisé	ISF	Emboutissage
Coût horaire de la main d'oeuvre (€/h)	30	30
Coût horaire de la machine (€/h)	30	30
Durée de développement du modèle CAO/FAO (min)	30	-
Durée d'installation de la matrice (min)	-	30
Durée de mise en forme	30 min	5 s
Coût de la matrice (€)	275	6 000

TAB. 1.3 – Comparaison des principaux investissements de production nécessaire pour le formage incrémental et l'emboutissage (Rodriguez, 2006)

La figure 1.14 montre la forme de la première pièce test ainsi que la matrice de contre forme utilisée dans le cas du formage incrémental.

FIG. 1.14 – *Forme de la pièce test n°1 et de la matrice de contre forme utilisée en formage incrémental (Rodriguez, 2006)*

Le tableau 1.4, ainsi que la figure 1.15 comparent le coût de production unitaire pour la pièce test numéro 1 dans le cas du formage incrémental et de l'emboutissage. Il ressort de cette analyse que la production par formage incrémental est plus économique que le procédé d'emboutissage pour des quantités inférieures à 180 pièces.

Afin de poursuivre cette comparaison entre la production d'un composant réalisé par emboutissage conventionnel et par formage incrémental, intéressons-nous maintenant à la production d'une pièce à caractère industriel, en prenant exemple une pièce issue de l'industrie automobile (capot de véhicule automobile). Les chiffres appuyant cette comparaison ont été proposés par Hirt et al. (2003). Les principales données sont résumées dans les tableaux 1.5 et 1.6.
Le tableau 1.7 et la figure 1.16 comparent le coût de production unitaire du capot de voiture dans le cas du formage incrémental et de l'emboutissage. Il en ressort de cette analyse que la production

	ISF	Emboutissage
Nombre de pièces	Coût unitaire (E)	Coût unitaire (€)
1	320.0	6015.1
10	59.6	601.6
20	45.1	300.8
50	36.4	120.4
100	33.5	60.2
200	32.1	30.2
500	31.2	12.1
1000	30.9	6.1

TAB. 1.4 – Comparaison du coût unitaire de production, en fonction du nombre de pièces mises en forme par formage incrémental et emboutissage (Rodriguez, 2006)

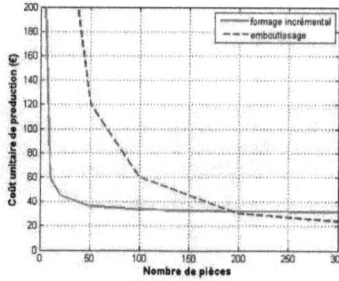

FIG. 1.15 – *Comparaison des coûts unitaires de production de la pièce test n'1, en fonction du volume du lot produit (Rodriguez, 2006)*

par formage incrémental est plus éconmique que le procédé d'emboutissage conventionnel pour des lots inférieurs à 680 pièces.

Pour terminer cette comparaison, le tableau 1.8 résume les données les plus pertinentes tout en soulignant les gains réalisés par l'utilisation du formage incrémental.

Il est maintenant intéressant de dresser une estimation des différents avantages et inconvénients propres à l'utilisation du formage incrémental, de l'emboutissage conventionnel et de formage manuel, afin d'apporter un premier élément de réponse par rapport au choix des procédés, notamment en fonction de la quantité de pièces à produire (voir tableau 1.9).

Parallèlement aux avantages d'ordre économiques, les technologies de formage de structures minces s'affranchissant de matrices ou d'outillages spécifiques, ont un réel impact aussi bien au niveau humain qu'au niveau écologique, ce qui augmente encore l'attractivité de tels procédés.

		Procédé de mise en forme	
		Emboutissage	ISF
Données géométriques			
Longueur	m	1.8	
Profondeur	m	2	
Hauteur	m	0.15	
Paramètres de production			
Nombre de pièces	-	500	
Vitesse d'avance	m/min	30	
Durée de mise en forme	h	0.00083333 (3s)	10
Paramètres de production			
Coût matières premières	€	39.6	39.6
Coût matrice par unité	€	874.8	113.4
Coût de production	€/dm³	150	150
Taux de complexité	-	1	0.7
Coût de l'opération par unité	€	0.1	560
Coût horaire de la machine	€/h	100	50
Coût horaire de la main d'oeuvre	E/h	20	20
Main d'oeuvre nécessaire (nombre d'opérateurs)	-	1	0.3
Coût unitaire total de production	***€***	***914.5***	***713***

TAB. 1.5 – Comparaison du coût unitaire de production d'un capot de véhicule automobile en fonction de son mode de mise en forme pour un lot de 500 pièces (Hirt et al., 2003)

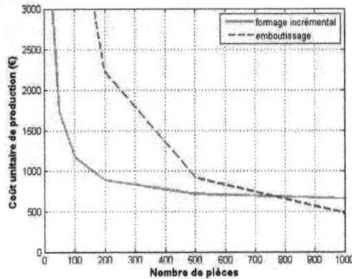

FIG. 1.16 – *Comparaison des coûts unitaire de production d'un capot de véhicule automobile en fonction du volume du lot produit (Hirt et al., 2003)*

– Réduction du gaspillage des matériaux en cours de production : comme nous l'avons indiqué précédemment, le formage incrémental permet de produire uniquement le nombre de composants nécessaires contrairement à une fabrication de série par des procédés conventionnels, utilisés

		Procédé de mise en forme	
		Emboutissage	ISF
Données géométriques			
Longueur	m	1.8	
Profondeur	m	2	
Hauteur	m	0.15	
Paramètres de production			
Nombre de pièces	-	100	
Vitesse d'avance	m/min	30	
Durée de mise en forme	h	0.00083333 (3s)	10
Paramètres de production			
Coût matières premières	E	39.6	39.6
Coût matrice par unité	E	4374	567
Coût de production	€/dm³	150	150
Taux de complexité	-	1	0.7
Coût de l'opération par unité	€	0.1	560
Coût horaire de la machine	€/h	100	50
Coût horaire de la main d'oeuvre	€/h	20	20
Main d'oeuvre nécessaire (nombre d'opérateurs)	-	1	0.3
Coût unitaire total de production	*€*	*4413.7*	*1166.6*

TAB. 1.6 – Comparaison du coût unitaire de production d'un capot de véhicule automobile en fonction de son mode de mise en forme pour un lot de 100 pièces (Hirt et al., 2003)

	ISF	Emboutissage
Nombre de pièces	Coût unitaire (€)	Coût unitaire (€)
1	57300	437440
10	6270	43780
20	3435	21910
50	1734	8788
100	1167	4414
200	833	2227
500	713	915
1000	656	477

TAB. 1.7 – Comparaison du coût unitaire de production en fonction du nombre de pièces mise en forme par formage incrémental et emboutissage (Hirt et al., 2003)

pour la production de lots de volumes définis. Ainsi, le gaspillage de matière lié à la fabrication de pièces se trouve limité. De même, les risques de détérioration des pièces non utilisées se trouvent réduits à néant dans le cas d'une production réglée sur le « juste nécessaire ». Par ailleurs, la réduction du gaspillage des matériaux peut encore être améliorée en élargissant les

	Pièce test	Capot de voiture
Quantité de pièces mise en forme	100	100
Coût unitaire (€) - Cas de l'emboutissage	60.2	4414
Coût unitaire (€) - Cas de l'ISF	33.5	1167
Gain associé au formage incrémental (%)	44.35	73.56

TAB. 1.8 – Estimation des gains associés à l'utilisation du formage incrémental

	Emboutissage	ISF	Mise en forme manuelle
Quantité de pièces mise en forme	>1000	0-500	0-100
Utilisation de matrice	100%	40%	10%
Intensité sonore	90 bB	60 dB	80 dB
Qualité de surface	Très bonne	Bonne	Bonne
Stockage de l'outillage	Elevé	Faible	Moyen
Précision	Bonne	Bonne	Moyenne
Répétabilité	Elevée	Elevée	Faible
Flexibilité	Faible	Elevée	Moyenne
Temps total de production	Elevé	Faible	Faible

TAB. 1.9 – Comparaison entre 3 principaux procédés de mise en forme

gammes de production à des composants qui ne peuvent à présent être produits à partir de métaux en feuille en raison de techniques de formage non appropriées à la mise en forme de pièces à géométries complexes. Un certain nombre de composants employés dans le secteur aéronautique en sont un exemple. En mettant en forme ces composants à partir de métaux en feuille, une quantité importante de pertes métalliques pourrait être évitée au niveau européen.

– Réduction de l'utilisation de produits polluants : l'amélioration de la qualité de surface réduit considérablement les phases de finition utilisant des produits à base de résines époxyde hautement polluantes et dangereuses pour la santé des employés les manipulant.

– Des conditions de travail améliorées avec :

• Un travail manuel évoluant vers un procédé automatisé et sécurisé permettant l'attribution de ces postes de travail aux femmes, jusqu'alors réservés aux hommes,

• La suppresion des outillages lourds limitant le risque de blessures,

• Le formage incrémental autorisant des limites de formage supérieures permet la mise en forme à température ambiante de certains composants, jusqu'alors produits par formage à chaud,

- L'évolution vers un procédé « silencieux ». Le bruit provoqué par certaines presses tradition-nelles peut atteindre 90 à 95 dB (seuil de nocivité pour l'oreille humaine), ce qui correspond à l'intensité sonore maximale acceptée par la législation européenne.

1.6 Conclusions

Une analyse pertinente du monde industriel permet de tirer certaines observations intéressantes. Certains pays sont aujourd'hui tournés vers la fabrication de produits simples en focalisant leur stratégie commerciale sur une production à grande échelle et à faible coût tandis que d'autres concentrent leurs objectifs de développement sur la production de produits à haute valeurs ajou-tées. De ces analyses émergent un certain nombre de mots clés définissant le monde industriel. Ces derniers sont la différenciation et l'optimisation des produits, la réduction des coûts, la baisse des temps de production ou encore l'adaptabilité.

Par rapport à ce mouvement, la communauté scientifique se doit de progresser en proposant des réponses aux nouvelles exigences du secteur industriel. Le développement de nouvelles techno-logies est naturellement une approche adaptée à de tels objectifs. C'est pourquoi de nouvelles technologies doivent être proposées dans les différents secteurs industriels et notamment dans le monde de la mise en forme des structures minces, amplement utilisée dans de nombreux secteurs industriels.

Au cours du dernier siècle, les matériaux ont connus de grandes améliorations (Banhart and Baumeister, 1998). En revanche, les progrès rencontrés dans l'évolution des procédés de fabrication n'ont pas été aussi rapides. L'introduction des procédés « hydro-assistés » tels que l'hydroformage représente certainement le plus gros bouleversement dans ce secteur, alors que l'évolution des procédés conventionnels de mise en forme reste limitée.

Grâce à un concept totalement différent des procédés conventionnels de mise en forme, le déve-loppement du formage incrémental représente alors une nouvelle percée dans ce secteur clé du monde industriel. En effet, en formage incrémental mono point, la géométrie de la pièce à obtenir est générée par l'ensemble des positions prises successivement par un outil de forme simple ve-nant déformer localement un flan maintenu en position. Le principe d'un tel procédé permet donc de s'affranchir du couple classique poinçon/matrice utilisé dans les procédés conventionnels. Par conséquent, un certain nombre d'avantages peuvent être cités :

- Des coûts d'équipement considérablement réduits,

- Le mouvement de l'outil est piloté par une machine à commande numérique : un centre d'usi-nage 3 axes est suffisant et adapté au procédé de formage incrémental,

– Une flexibilité accrue : la seule modification de la programmation machine suffit pour permettre la mise en forme d'une nouvelle pièce,

– Les applications du procédé sont nombreuses : prototypage rapide, mise en forme ou rénovation de pièces anciennes (Amino et al., 2002)...,

– Une plus grande formabilité du flan en comparaison avec les procédés de mise en forme conventionnels, due à un état de contrainte favorable induit par l'outil de formage,

En contrepartie des avantages précédemment énumérés, les principaux inconvénients du formage incrémental sont associés aux points suivants :

– Le formage incrémental est un procédé lent. En effet, compte tenu des déformations locales imposées par l'outil, une trajectoire longue doit être décrite afin de former des pièces à géométries complexes. En dépit des machines à commandes numériques dotées de vitesses d'avance élevées, le formage d'une pièce atteint plusieurs dizaines de minutes,

– La précision géométrique des pièces obtenues n'est pas parfaite. En effet, comme le flan est simplement maintenu le long de son contour, il est libre de fléchir en cours de procédé. De même, le phénomène de retour élastique entre en jeu comme c'est le cas pour l'ensemble des procédés de formage des structures minces.

Face aux enjeux développés dans ce chapitre et aux principaux avantages et inconvénients résumés ci-dessus, il ressort l'impérieuse nécessité et l'intérêt de développer de solides connaissances concernant le formage incrémental des structures minces, afin de mettre au point et industrialiser un procédé efficace capable de répondre aux nouvelles exigences du monde industriel.
Les travaux de thèse exposés dans ce mémoire s'inscrivent dans cet objectif.

Chapitre 2

Investigations expérimentales sur le formage incrémental mono point

2.1 Développement d'un pilote expérimental

2.1.1 Présentation du cadre de l'étude

Comme il a été mentionné au chapitre précédent, le formage incrémental est un procédé innovant. Matsubara (Matsubara, 1994) (Matsubara, 1998) est certainement le premier à avoir étudié et proposé l'idée de développer un procédé de formage utilisant une machine à commande numérique. En 2005, seul un petit nombre d'équipes de recherche avaient commencé à investiguer le principe du formage incrémental. L'enjeu de la thèse était alors important : développer un pilote expérimental dans le but de s'insérer au sein de la communauté mondiale de recherche autour du formage incrémental.

Parallélement aux objectifs du projet Sculptor, il est apparu nécessaire de mettre en place un équipement expérimental afin de valider la faisabilité d'un tel procédé. Une fois cette validation effectuée, les investigations expérimentales pourront ainsi permettre de construire une base de travail solide qui servira à développer la connaissance du formage incrémental et de sa pratique.

Le paragraphe suivant présentera donc la mise en oeuvre de l'équipement expérimental utilisé au cours des travaux de thèse, et détaillera les solutions technologiques retenues.

2.1.2 Présentation des choix technologiques retenus

Plate-forme expérimentale

Les essais de faisabilité ont été menés sur un centre d'usinage 3 axes Haas Mini-Mill. Ce choix a été motivé par la commande de type Fanuc ainsi que par les informations fournies par la machine en cours de formage. En effet, une mesure de la charge sur la broche représente une indication précieuse dans le cas d'une première approche du formage incrémental, notamment afin de préserver l'axe de la broche de toutes surcharges potentielles.

L'équipement expérimental représenté en figure 2.1 est monté sur la table horizontale (plan XY) de la machine à commande numérique. Cet équipement est constitué d'un support sur lequel repose le flan, de pinces assurant le blocage total ou partiel du flan, ainsi que d'un plateau supérieur segmenté placé entre le flan et les pinces préservant la tôle de toute déformation initiale imposée par l'effort de maintien. Par analogie avec les procédés de formage conventionnels, nous désignerons parfois le support par le terme « serre-flan ».

Le support est constitué d'éléments de poutre en U soudés dont les surfaces de contact entre le flan et la table de la machine ont été rectifiées afin de garantir une parfaite planéité. Compte tenu des dimensions de la table, le support a été choisi sous la forme d'un carré de 300 mm de côté. Les surfaces de contact flan/support ont une forme rectangulaire de 50 mm de largeur. Cette dimension a été déterminée afin de garantir un éventuel écoulement de matière sous le serre-flan. La surface de formage ainsi disponible est de 200*200 mm^2. Afin de supprimer l'angle vif à l'intérieur du support, un congé de 10 mm de rayon a préalablement été usiné, limitant ainsi les risques de rupture localisée de la tôle.

(a) Fraiseuse 3 axes à commande numérique   (b) Photo du support de flan pour le formage incrémental

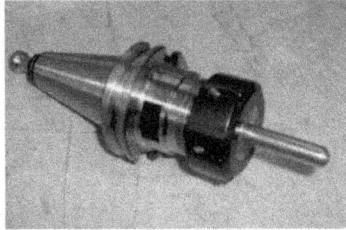

(c) Porte-outil utilisé pour l'attachement de l'outillage de formage incrémental

FIG. 2.1 – *Equipement expérimental utilisé lors des essais de formage incrémental*

La conception des pinces a été menée dans l'optique de pouvoir régler l'effort du serre-flan, permettant à la fois le blocage complet de la tôle, mais aussi un maintien partiel, afin d'étudier l'éventuel écoulement de matière en cours de procédé et la formation potentielle de plis classiquement obervables en emboutissage. Par ailleurs, le plateau supérieur a été segmenté afin d'investiguer l'influence de l'effort de maintien de la tôle sur les caractéristiques mécaniques et géométriques de la pièce résultante.

Choix du matériau

En emboutissage, la sélection du matériau est le plus souvent dictée par les spécificités fonctionnelles de la pièce. Mais dans tous les cas, il ne peut s'agir que de matériaux présentant une ductilité suffisante pour le formage. Dans la mesure du possible, il convient de viser de préférence des matériaux à basse limite d'élasticité, à fort coefficient d'anisotropie pour des déformations de rétreint et à écrouissage important afin de favoriser une bonne répartition des déformations.

Traditionnellement, les matériaux préférentiellement sélectionnés pour l'emboutissage sont les aciers doux qui répondent bien aux sollicitations imposées par ce procédé. L'aluminium, mais plus généralement tous les alliages d'aluminium, ont en commun l'inconvénient de gripper assez facilement, et présentent une grande sensibilité à la rayure et un manque d'allongement à la striction qui les rendent plus difficiles à mettre en forme que les aciers doux. Cependant, les alliages légers sont utilisés dans de nombreux domaines industriels comme les transports où leur pénétration est d'autant meilleure que l'allègement en résultant peut autoriser une augmentation de prix de revient. C'est pour cette raison qu'ils sont utilisés en aéronautique et se répandent en construction automobile.

Les nuances d'alliages d'aluminium utilisés en emboutissage sont principalement des alliages durcissants. Les séries 2000, 5000 et surtout 6000, qui présentent une bonne formabilité à l'état recuit et de bonnes propriétés mécaniques après traitement de trempe, ont été adoptées pour la réalisation de pièces complexes en aéronautique et dans le secteur automobile (Col, 1996). En revanche, exceptés ceux de la série 5000, les alliages non durcissants ont des domaines d'application limités à la production de pièces de formes simples comme c'est le cas des ustensiles culinaires (poêles et casseroles) ou des toitures dans le bâtiment. Du fait de ses très basses caractéristiques mécaniques, l'aluminium non allié (1050A à 2000) est peu utilisé en emboutissage.

Rappelons maintenant que l'aptitude à l'emboutissage est fortement corrélée à deux phénomènes physiques particulièrement importants :

– L'écrouissage, traduisant l'aptitude du matériau à résister à la localisation de la déformation. Dans le cas des matériaux satisfaisant à une loi d'écrouissage de type Hollomon $\sigma = K\epsilon^n$, un coefficient d'écrouissage n élevé traduit un comportement favorable,

– L'anisotropie du matériau, conditionnant la répartition des écoulements de matière dans les différentes directions de l'espace. Un coefficient d'anisotropie r élevé traduit une bonne résistance à l'amincissement dans un mode de déformation en traction, et par conséquent, favorise l'écoulement dans le plan de la tôle, facilitant les déformations dans les zones de rétreint.

Le but des investigations expérimentales est certes de tester la faisabilté du procédé de formage incrémental mais également de mettre en relief les avantages de ce procédé par rapport aux procédés conventionnels. Les critères de sélection du matériau suivants ont été retenus :

– Faible limite élastique : en effet, plus la limite élastique d'un matériau est élevée, plus la plastification de celui-ci est retardée diminuant ainsi la formabilité en extension et en traction plane (Col, 2002),

– Un coefficient d'écrouissage faible,

– Un coefficient d'anistropie faible.

D'après les considérations énoncées ci-dessus, bien qu'il s'agisse d'un matériau peu utilisé en emboutissage, notre choix s'est tourné vers un aluminium de série 1050A. En effet, comme nous venons de le voir, en raison de ses faibles propriétés mécaniques, la production de pièces embouties de formes complexes et profondes est rendue difficile avec ce type d'alliage, mais cette caractéristique servira de base pour mettre en avant la formabilité accrue du matériau en formage incrémental. D'autre part, le choix de cette nuance d'aluminium permettra de corréler les résultats obtenus avec les premières observations disponibles dans la littérature (Filice et al., 2002). Les principales caractéristiques mécaniques sont résumées dans le tableau 2.1. Le tableau 2.2 relate quant à lui la composition chimique du matériau retenu.

Module d'Young	69 000 MPa
Coefficient de Poisson	0.33
Limite d'élasticité	75 MPa
Coefficient d'anisotropie moyen	0.62
Coefficient d'écrouissage n	0.14

TAB. **2.1** – Caractéristiques mécaniques de l'aluminium 1050A

Si	Fe	Cu	Mn	Mg	Zn	Ti	Al
< 0.25	< 0.40	< 0.05	< 0.05	< 0.05	< 0.07	< 0.05	≥ 99.5

TAB. **2.2** – Composition chimique de l'aluminium 1050A (analyse de coulée) : NF EN 485-2

En considérant les caractéristiques géométriques de l'équipement expérimental mis en place pour l'ISF, le flan utilisé pour les essais de faisabilité a des dimensions de 300*300 mm^2 et une épaisseur e = 1 mm.

Conception de l'outil

L'un des intérêts majeurs du formage incrémental réside dans l'utilisation d'un outil de formage de forme simple et non spécifique. Cependant, même si sa conception semble immédiate, l'outil de formage incrémental est un composant important. En effet, le flan sera déformé par la seule action de l'outil sur ce dernier ; tous les efforts appliqués à la tôle seront transmis par l'outil. Une attention particulière sera donc apportée à la conception de l'outil de formage, qui devra notamment vérifier les critères suivants :

– Etre adaptable sur tous les standards de broche des machines à commande numérique, afin de garantir la flexibilité totale du procédé,

– Avoir une forme permettant la déformation localisée et progressive de la tôle,

– Le matériau de l'outil ne doit pas réagir chimiquement avec la tôle à mettre en forme.

Pour répondre au premier critère, l'idée retenue est d'utiliser des pinces de serrage commerciales de type ESX pour le montage de l'outil sur le porte-outil. Ces dernières présentent l'avantage de s'adapter aux porte-outils disponibles sur la machine et permettent ainsi de s'affranchir d'une conception spécifique à une machine outil donnée. Il en résulte alors un corps d'outil de forme cylindrique dont le diamètre dépendra de celui déterminé pour la tête de l'outil.

Concernant le choix du matériau, un acier doux a été retenu. Ce choix résulte notamment de la facilité d'usinage de ce matériau permettant une rapide mise en oeuvre de l'outillage et donc une rapide mise en application du procédé. Cependant, compte tenu des caractéristiques mécaniques de cet acier, un problème d'usure abrasive prématurée de l'outil peut survenir, c'est pourquoi un deuxième matériau a été retenu. Il s'agit d'un acier ledeburitique K110 (Z160 CDV12) à 12% de chrome à faible variation dimensionnelle. Ce matériau est utilisé pour la fabrication d'outils d'emboutissage de grand rendement (matrices et poinçons particulièrement) ou encore pour la fabrication d'outils de coupe. Ce deuxième matériau n'a pas encore été testé à ce jour.

De précédentes études ont relevé l'influence de la forme de la tête d'outil et de son diamètre sur la qualité de l'état de surface de la pièce produite (Ceretti et al., 2004). Kim et Park (Kim and Park, 2002) ont également mis en évidence cette influence en comparant l'état de surface des pièces mises en forme avec un outil de formage présentant une tête hémisphérique d'une part et sphérique d'autre part. Il semblerait alors que l'apparition de fissures soit retardée dans le cas d'une tête de forme sphérique en raison de rayures de la tôle dues à l'utilisation d'un outil à tête hémisphérique.

Par ailleurs, de manière intuitive, nous pouvons prévoir une relation entre la formabilité du matériau et le diamètre de l'outil. En effet, pour un diamètre d'outil plus grand, la surface de contact entre l'outil et le flan est augmentée ; la valeur de la contrainte locale se trouve alors diminuée. Cela signifie que pour un même ensemble de paramètres de procédé, plus le diamètre d'outil est grand, plus le niveau de déformation est amoindri et plus le matériau pourra être « étiré ». La profondeur de la pièce mise en forme sera alors plus importante. Bien que cette analyse soit confirmée par Kim et Park (Kim and Park, 2002), les auteurs établissent qu'un outil de diamètre 10 mm permet de garantir une meilleure formabilité du matériau.

Selon les considérations précédentes, l'outil utilisé lors des premiers essais de formage incrémental sera de forme hémisphérique et de diamètre 10 mm.

Prise en compte du contact outil/flan

L'outil étant monté sur la broche de la machine à commande numérique, la question de la mise en rotation ou non de celle-ci a été abordée. Notre choix a été guidé par les points suivants :

- Comme nous l'avons vu précédemment, l'outil étant directement monté sur le porte-outil par l'intermédiaire d'une pince, la transmission des efforts de mise en forme à la broche se fait par l'intermédiaire du porte-outil. La liaison entre la queue d'outil et le nez de broche étant assurée par un cône 7/24 pour broches (sans coincement) NF ISO 297, l'assemblage est réalisé sans jeu de fonctionnement. Les efforts sont donc intégralement transmis aux organes de la broche. Dans le cas d'un centre d'usinage, les roulements utilisés dans la broche ne supportent que peu les efforts axiaux, c'est pourquoi, afin de préserver ces roulements, il est conseillé de mettre la broche en rotation durant le procédé ;

- Par ailleurs, la mise en rotation de l'outil autour de l'axe vertical de la machine permet de générer un frottement avec roulement entre l'outil et le flan au lieu d'un frottement avec glissement dans le cas contraire. Il en résulte ainsi un meilleur état de surface.

La réalisation des essais de formage incrémental se fera donc avec un outil tournant.

Par ailleurs, afin de réduire le frottement entre la tête de l'outil et le flan, un film d'huile de coupe sera appliqué sur la tôle au début du procédé.

Résumé des principaux paramètres utilisés lors des essais de faisabilité de formage incrémental

Le tableau 2.3 fait le bilan des choix retenus dans la mise en place du pilote expérimental.

Machine à commande numérique	Centre d'usinage 3 axes Haas Mini-Mill	
Outil	**Forme**	**Diamètre (mm)**
	semi-hémisphérique	10
Flan	**Matériau**	**Dimensions** $(mm * mm * mm)$
	Aluminium 1050A	$300 * 300 * 1$
Vitesse de rotation (tr/min)	500	
Vitesse d'avance (mm/min)	2000	
Lubrifiant	film d'huile de coupe	

Tab. 2.3 – Paramètres utilisés lors des essais de mise en forme de tôles minces par formage incrémental

2.2 Développement d'une campagne expérimentale visant à évaluer la formabilité du matériau par formage incrémental

2.2.1 Essais de formage incrémental mono point

Observations générales

Les premiers objectifs des travaux de thèse étaient d'une part de tester la mise en forme d'une pièce de forme simple par formage incrémental et d'autre part de clarifier certains aspects de la formabilité associés à l'utilisation de ce procédé. C'est pourquoi une campagne expérimentale a été menée en considérant les paramètres décrits dans les paragraphes précédents.

Afin de reproduire un mode de déformation d'extension simple décrit par Ambrogio (Ambrogio et al., 2004), une pièce de forme axisymmétrique a été retenue. Il s'agit d'une pièce de forme tronconique dont les dimensions sont données dans le tableau 2.4. Plusieurs cas test ont été réalisés afin d'observer le comportement du flan en fonction de la profondeur de mise en forme.

Diamètre grande base	140 mm
Inclinaison de la paroi	45°
Pièce test 1	
Diamètre petite base	100 mm
Profondeur	20 mm
Pièce test 2	
Diamètre petite base	80 mm
Profondeur	30 mm
Pièce test 3	
Diamètre petite base	40 mm
Profondeur	50 mm

TAB. 2.4 – Données géométriques des pièces test mises en forme par formage incrémental

Le chemin d'outil est contrôlé par la commande de la CN. Une routine spécifique a été mise en oeuvre afin de réaliser une trajectoire d'outil adaptée au formage incrémental. La stratégie de formage retenue inclut un mouvement dans le plan horizontal (c'est-à-dire dans le plan X-Y de la machine) combiné à un mouvement vertical selon l'axe Z de la CN. En ce qui concerne les essais décrits dans cette section, un incrément vertical de 1 mm a été adopté. La figure 2.2 schématise la trajectoire décrite par l'outil au cours du procédé.

Il a été convenu pour la réalisation des pièces test d'exercer « un effort serre-flan » permettant le blocage complet du flan. Dans ces conditions, le flan subit un mécanisme de déformation par élongation. En effet, à part quelques effets de flexion de la tôle près de la zone de serrage, il apparaît que le flan est principalement étiré sous l'action locale du l'outil (Filice et al., 2001).

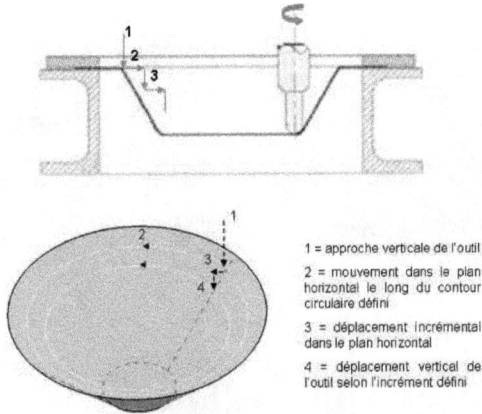

	1 = approche verticale de l'outil
	2 = mouvement dans le plan horizontal le long du contour circulaire défini
	3 = déplacement incrémental dans le plan horizontal
	4 = déplacement vertical de l'outil selon l'incrément défini

FIG. 2.2 – *Schématisation de la trajectoire d'outil*

Les photos correspondant à la figure 2.3 montrent les résultats des premiers essais de formage incrémental. Les observations faites à partir de ces résultats démontrent la faisabilité de mise en forme par ISF de pièces de formes simples. En effet, toutes les pièces obtenues sont saines, c'est-à-dire ne présentent ni zone de rupture, ni zone de fissuration. Concernant l'état de surface général, il est à noter que celui-ci n'est pas parfait, l'aspect « granuleux » observé sur les pièces est probablement dû à un défaut de forme de l'outil. Ce dernier n'étant certainement pas parfaitement sphérique, sa mise en rotation provoquerait un « martellement » pouvant expliquer l'état de surface de la tôle. Par ailleurs, il est également possible de mettre en avant l'éventuelle relation entre l'aspect de surface et un des paramètres du procédé, à savoir l'incrément de déplacement vertical imposé à l'outil ente chaque cycle de rotation. Cette remarque a été validée par la mise en forme d'un tronc de cône ayant les mêmes caractéristiques géométriques que ceux du cas test numéro 3 mais réalisé avec un déplacement vertical incrémental de 0.2 mm. La figure 2.4 montre la différence d'aspect de surface observée.

Le principal objectif de cette campagne expérimentale est d'investiguer la formabilité du matériau en formage incrémental, c'est pourquoi plusieurs essais ont été réalisés afin de mettre en évidence des modes de déformation allant du cas de l'élongation uniaxiale au cas de l'élongation biaxiale.

Des conditions d'élongation uniaxiale ont été obtenues dans le cas de la mise en forme d'un tronc de cône (cas test numéro 3). Filice, Fratini et Micari ont également mise en évidence ce mode de déformation avec une trajectoire d'outil décrivant un carré (Filice et al., 2002). A chaque cycle, l'outil impose un déplacement vertical au flan (travail à profondeur fixe). A la fin de chaque cycle,

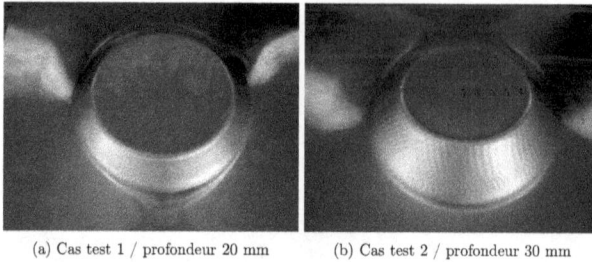

(a) Cas test 1 / profondeur 20 mm   (b) Cas test 2 / profondeur 30 mm

FIG. **2.3** – *Aspect des composants réalisés par formage incrémental*

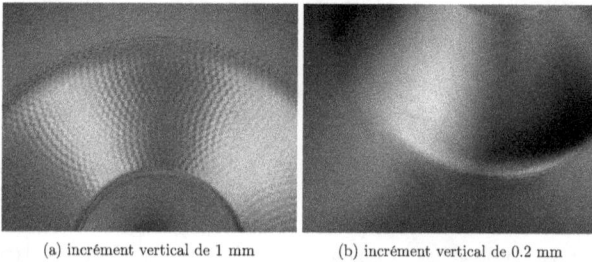

(a) incrément vertical de 1 mm   (b) incrément vertical de 0.2 mm

FIG. **2.4** – *Mise en évidence de l'influence de l'incrément vertical sur l'état de surface du composant réalisé par formage incrémental*

un déplacement de l'outil vers le centre de la tôle dans le plan horizontal (plan X-Y) est imposé, suivi d'un déplacement vertical. Ainsi, une pièce de forme pyramidale à base carrée est obtenue. Il est clair que dans le cas de cette pièce, les conditions d'élongation uniaxiale sont relevées le long des parties rectilignes de la pyramide (à savoir, les côtés de la base) (voir figure 2.5). Il est à noter que dans ce cas, la pièce obtenue est saine.

Concernant le cas de l'élongation biaxiale, ce mode de déformation a été mis en évidence lors de la mise en forme d'une croix simple constituée par deux lignes perpendiculaires (Filice et al., 2002). Dans le cas des travaux de Filice et al., une élongation biaxiale est observée au centre de la croix. Afin de reproduire ce mécanisme de déformation, la même croix a été réalisée. Cependant, dans notre cas, le chemin d'outil est différent. L'outil décrit ici chaque ligne à hauteur fixe puis, une fois les deux lignes perpendiculaires parcourues, l'outil se déplace verticalement au centre de la croix pour décrire à nouveau les deux lignes orthogonales. Dans un même plan (XY ou XZ), les lignes sont donc parallèles entre elles alors que dans l'étude de Filice et al., le déplacement vertical

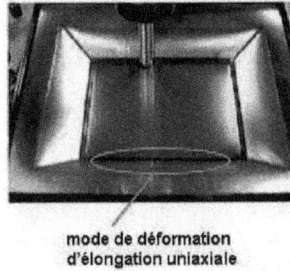

**mode de déformation
d'élongation uniaxiale**

FIG. 2.5 – *Mode de déformation d'élongation uniaxiale mis en évidence par (Filice et al., 2002)*

imposé à l'outil est effectué en alternance au niveau des extrémités « des bras de la croix » (voir figure 2.6).

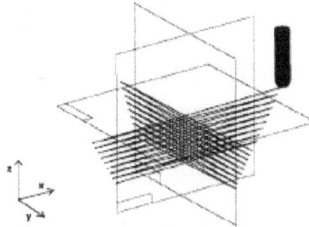

FIG. 2.6 – *Schématisation de la trajectoire d'outil utilisée par Filice et al. pour mettre en évidence des modes de déformation d'élongation biaxiale (Filice et al., 2002)*

Remarque : cette forme test a également été investiguée par Iseki (Iseki, 2001c) dans l'étude de la détermination des courbes limites de formage associées au formage incrémental.

Dans l'étude de Filice et al., une zone de fissuration a été observée au centre de la croix permettant ainsi de déterminer le niveau de déformation critique dans le cas de l'élongation biaxiale.

Dans notre cas, même si la comparaison de la pièce obtenue avec celle présentée dans la littérature permet d'aboutir aux mêmes conclusions, une zone de rupture du matériau, localisée aux extrémités de la croix, a été mise en évidence (voir figure 2.7). La pièce présentée sur la photo de la figure 2.7 a une profondeur totale de 15 mm. La rupture du matériau s'amorce à partir d'une profondeur de 12 mm.

Les tests décrits ci-dessus permettent ainsi de tirer des premières conclusions quant aux limites de formabilité en mise en forme par formage incrémental.

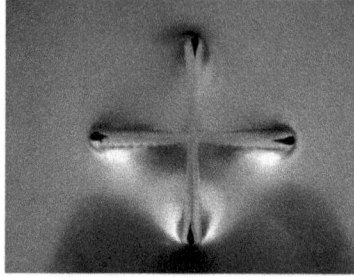

FIG. **2.7** – *Rupture du matériau dans le cas d'un mode de déformation d'élongation bi-axiale*

Se basant sur les considérations précédentes, il apparaît que la rupture du flan mis en forme par formage incrémental est en relation avec le mode de sollicitation du matériau. Par ailleurs, si nous mettons en parallèle la mise en forme d'une pyramide à base carrée et d'une croix simple, nous pouvons supposer l'existence d'une relation entre le mode de déformation et la dimension de la forme réalisée.

Pour valider cette observation, le formage d'une pièce en forme de croix, dont les dimensions sont présentées figure 2.8, a été réalisé. Le matériau et l'outil utilisés, ainsi que les paramètres de procédé sont les mêmes que ceux décrits précédemment. La pièce ainsi mise en forme est saine comme le montre la figure 2.9.

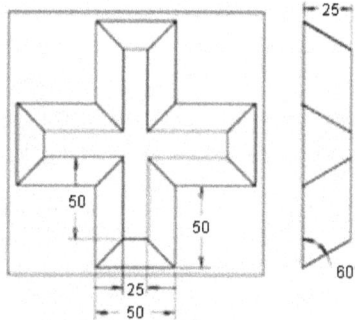

FIG. **2.8** – *Dimensions de la pièce en forme de croix (dimensions en mm)*

Le composant obtenu ne présente aucune trace de fissures, même dans les « coins de la croix », là où les conditions d'élongation biaxiale sont observées. Le fait qu'on ne soit plus en présence d'une croix simple, dont la largeur des bras est égale au diamètre de la tête de l'outil, permet d'obtenir

FIG. 2.9 – *Composant en forme de croix obtenu par formage incrémental*

une pièce saine de profondeur 25 mm alors que la rupture du matériau s'observait à partir d'une profondeur de 12 mm dans le cas de la croix simple.

Les observations précédentes ont été validées par Filice et al. (2002) qui a mis en évidence une relation entre le diamètre de la grande base d'un composant de forme tronconique et le mode de déformation. Ainsi, pour un diamètre de 200 mm, les conditions de déformation sont proches de l'élongation uniaxiale avec des déformations secondaires quasi nulles, alors que pour un diamètre de 24 mm, des conditions d'élongation biaxiale sont observées. Le diamètre de la grande base du tronc de cône a donc une influence sur le rapport entre déformations principales (observées le long de l'axe du cône) et déformations secondaires (déformations circonférentielles).

Autres essais de formage incrémental

Partant des considérations décrites au paragraphe précédent, d'autres essais ont été réalisés. La suite de cette campagne expérimentale a pour but de montrer la faisabilité de réaliser des pièces de formes plus complexes, de souligner les principaux avantages du procédé, ainsi que de mettre en avant les limites de celui-ci.

A partir d'une pièce saine de forme tronconique obtenue dans des conditions d'élongation uniaxiale, dont les dimensions correspondent au cas test numéro 3 (cf tableau 2.4), un second tronc de cône, dont le sens est opposé au premier, a été réalisé dans la partie du flan n'ayant pas subi de déformation (petite base du tronc de cône) (voir photo de la figure 2.10). Cette opération nécessite donc une deuxième étape consistant à retourner la tôle une fois le premier cône réalisé. Les dimensions du second cône sont les suivantes :

– diamètre grande base : 40 mm

– diamètre petite base : 20 mm

– profondeur : 10 mm

FIG. 2.10 – *Mise en évidence d'une application potentielle du formage incrémental*

Cet essai a pour but de mettre en avant un des intérêts potentiels du procédé à l'échelle industrielle. En effet, cet exemple illustre la flexibilité du procédé permettant de réaliser une forme à partir d'une forme précédente, avec le même outillage sans nécessiter d'intervention spécifique ou de nouveaux outillages. Cette opération n'est pas réalisable avec des procédés de formage conventionnels. Ainsi, il ressort de cette flexibilité en comparaison avec l'emboutissage, la possibilité d'utiliser le formage incrémental en tant que procédé complémentaire, là où l'utilisation des autres procédés de formage est impossible. Nous pouvons prendre l'exemple de structures mises en forme par hydroformage (voir les travaux de thèse de R. Velasco (Velasco, 2007)) où la géométrie des pièces produites reste simple car dépendant d'une part de la matrice employée et d'autre part de la maîtrise de la pression à mettre en oeuvre. Aussi il serait par exemple possible d'envisager la réalisation de formes sur la partie concave du réservoir hydroformé.

Dans le but de produire une pièce saine et présentant des inclinaisons de parois différentes, une autre forme a été étudiée (voir photo de la figure 2.11).

FIG. 2.11 – *Tronc de cône présentant des parois d'inclinaison différentes*

Le tableau 2.5 résume les principales dimensions du composant réalisé à inclinaisons de parois différentes.

Partie 1 de la forme	
Diamètre grande base	140 mm
Diamètre petite base	110 mm
Profondeur	25 mm
Inclinaison	60°
Partie 2 de la forme	
Diamètre grande base	75 mm
Diamètre petite base	60 mm
Profondeur	20 mm
Inclinaison	80°

TAB. **2.5** – Données géométriques du composant test mis en forme par formage incrémental

Une inclinaison de paroi de 80° a été obtenue sur une profondeur de 20 mm. Cette essai représente également une première approche de l'inclinaison maximale qu'il est possible d'obtenir en une seule étape de mise en forme.

Afin d'illustrer le comportement du flan dans un mode de déformation biaxiale, un dernier cas test a été investigué. La figure 2.12 illustre cet essai. Le procédé de formage incrémental a été utilisé pour graver le mot « ENSMM » sur la tôle. A une profondeur donnée, la trajectoire d'outil décrit chaque lettre avant d'effectuer un incrément de déplacement vertical. Cet essai de gravure a été réalisé avec des profondeurs totales différentes. Les mêmes observations que celles faites précédemment traitant des conditions d'élongation biaxiale ont été notées, à savoir que la rupture du matériau est observée à partir d'une profondeur totale de 12 mm.

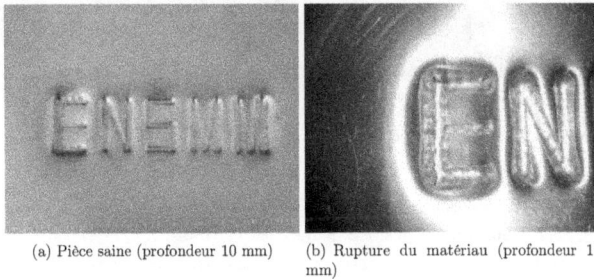

(a) Pièce saine (profondeur 10 mm)   (b) Rupture du matériau (profondeur 15 mm)

FIG. **2.12** – *Gravure du mot ENSMM par formage incrémental*

2.2.2 Observations des caractéristiques géométriques

Ce paragraphe concerne l'observation et la mesure de la géométrie d'une pièce de forme tronco-nique dont les dimensions sont celles du cas test numéro 3 décrit au paragraphe précédent (voir tableau 2.4).

2.2.3 Observations générales

La figure 2.13 représente une photo du tronc de cône étudié dans cette section. L'incrément ver-tical de l'outil utilisé lors du procédé est de 0.2 mm. Un zoom d'une zone particulière du flan a également été effectué. Cette zone particulière, qui représente certainement une section critique d'un point de vue des déformations, est caractéristique de la stratégie de formage employée. En effet, dans le cas d'une trajectoire d'outil dite « en escalier », une fois le contour circulaire en-tièrement décrit (voir étape 2 sur la figure 2.2), l'outil est déplacé verticalement le long d'une même génératrice (dans le plan XZ). Il se forme ainsi une zone de déformation caractéristique. Il s'agit ici d'une première remarque relative au choix de la stratégie de formage définie. Cette zone indésirable peut être supprimée grâce au choix d'une trajectoire d'outil hélicoïdale schématisée sur la figure 2.14.

(a) Vue de dessus   (b) Zoom de la section critique

FIG. 2.13 – *Pièce tronconique utilisée dans l'étude des caractéristiques géométrique du formage incré-mental*

Par ailleurs, l'apparition d'une zone de flexion de la tôle est obervable au cours du procédé. En effet, la tôle, étant maintenue en position uniquement par pression sur son pourtour, est libre de fléchir sous l'action de l'effort vertical imposé par l'outil, et ceci d'autant plus que le point d'action de l'outil est loin des bords du flan. Un tel défaut de nature géométrique constitue certainement le principal inconvénient, directement observable, du procédé. Ce défaut semble pouvoir être éliminé en utilisant un plateau supplémentaire venant soutenir le flan entre le support et le premier point d'application de l'effort de formage. Ce plateau ayant idéalement la forme de la base de la pièce à produire réduit la totale flexibilité du procédé; cependant, s'agissant d'une forme basique, la pré-paration d'un tel support n'exige qu'un coût supplémentaire faible (en termes de production, de

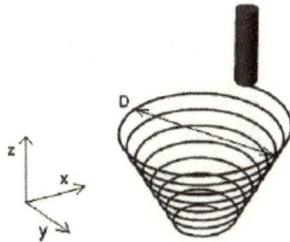

FIG. **2.14** – *Schématisation d'une trajectoire d'outil hélicoïdale - source (Filice et al., 2002)*

stockage et de maintenance). Cette solution a été validée par la communauté scientifique (Micari et al., 2007).

2.2.4 Mesures et mise en évidence des principaux défauts d'ordre géométrique

Afin de qualifier, voire de quantifier, les défauts d'ordre géométrique induits par le procédé de formage incrémental, une campagne de mesure a été menée. Les mesures consistent à relever le profil géométrique extérieur du tronc de cône mis en forme suivant différentes sections. Ces mesures ont été effectuées à l'aide d'une machine de mesure tridimensionnelle Werth VideoCheck IP 250/400 équipée d'une table mécanique sans contrainte, mettant en oeuvre un capteur optique à base de caméra CCD à focale fixe 10x (voir photo en figure 2.15).

FIG. **2.15** – *Machine de mesure tridimensionnelle Werth VideoCheck IP 250/400 utilisée pour la mesure de profil*

La figure 2.16 shématise les profils mesurés. Ces derniers sont relevés sur l'extérieur de la pièce, c'est à dire avec la petite base du tronc de cône tournée vers le haut.

Remarque : la pièce utilisée pour les mesures de profils correspond au cas test numéro 3.

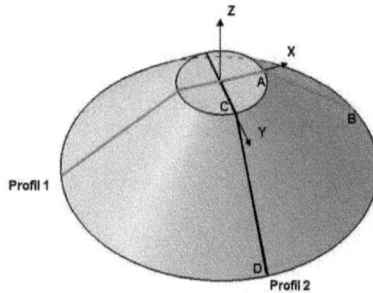

FIG. **2.16** – *Positions géométriques des profils mesurés*

Les profils mesurés sont reportés sur la figure 2.17 et comparés au profil théorique.

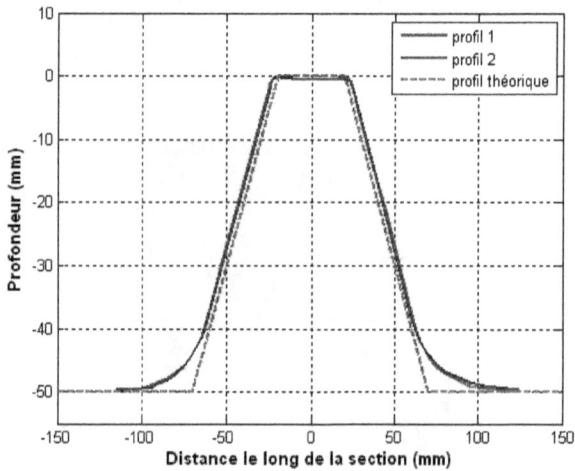

FIG. **2.17** – *Comparaison des profils mesurés*

Trois défauts d'ordre géométrique sont ainsi identifiés :

- Une zone de flexion localisée proche de la grande base. Comme nous l'avons souligné au paragraphe précédent, le flan n'étant pas soutenu, il est libre de fléchir sous l'action de l'outil de formage.

- Une courbure de la partie non déformée du flan (petite base du tronc de cône) à l'origine d'une profondeur finale inférieure à celle du modèle CAO. Ce défaut est directement lié aux caractéristiques du procédé et à la manière dont se déforme le matériau.

- Un écart de géométrie de la pente d'inclinaison. Ceci peut s'expliquer par les effets indésirables du phénomène de retour élastique qui apparaissent lors du retrait de l'outil de formage. L'effort de formage ainsi supprimé, le flan se relaxe et les parois s'écartent.

La réduction des erreurs géométriques citées ci-dessus exige la définition d'une trajectoire d'outil optimale. L'utilisation d'un support supplémentaire, venant limiter le phénomène de flexion, est une solution complémentaire. D'autre part, une autre source d'imprécision géométrique trouve son origine dans le mode de déformation local et progressif caractérisant le formage incrémental. Sous l'action d'une alternance de charges et de décharges, le matériau cherchant à chaque cycle à tendre vers son état d'équilibre, certaines distorsions peuvent apparaître.

Par ailleurs, la comparaison des deux profils mesurés permet de valider le respect de la symétrie du composant réalisé. Si nous définissons l'erreur de géométrie par l'écart séparant deux profils (distance définie par la normale aux deux points appartenant aux deux profils considérés), l'erreur maximale mesurée dans la partie des abscisses négatives est de 0.33 mm soit un écart relatif de 1.2%. Dans la zone des abscisses positives, l'écart est plus grand mais ne dépasse pas les 0.5 mm le long de la paroi et dans la zone de flexion. En revanche, un écart plus important est mesuré au niveau de la courbure localisée autour du diamètre extérieur de la petite base liée au rayon de l'outil. Dans cette zone (pour X compris entre 15 mm et 23 mm), l'erreur géométrique peut s'expliquer par le déplacement vertical de l'outil. En effet, dans la partie des abscisses positives sont comparées les sections AB et CD (voir figure 2.16). La section AB correspondant à la ligne de déformation imposée par l'outil (voir paragraphe précédent), lors du dernier cycle de rotation, le flan subit une déformation plus importante le long de cette génératrice.

2.3 Vers une application potentielle du formage incrémental : présentation du « micro » formage incrémental

Dans le but d'étendre les potentialités du formage incrémental au niveau industriel, une étude parallèle a été menée afin de tester la mise en forme de pièces de petites dimensions (le terme « micro formage incrémental » est ici un abus de langage dans la mesure où les dimensions des flans utilisés sont millimétriques).

La campagne expérimentale décrite dans cette section a été menée sur le même centre d'usinage Haas 3 axes que celui utilisé lors de la campagne décrite précédemment. La trajectoire d'outil a été définie selon une stratégie dite « en escalier » (cf. figure 2.2). Le flan utilisé est constitué d'un alliage de cuivre CuNiP à l'état H12, dont les principales caractéristiques mécaniques sont décrites dans le tableau 2.6. Ce tableau indique également les caractéristiques géométriques du flan.

Paramètres matériau	
Module d'Young (MPa)	99500
Coefficient de Poisson	0.31
Limite élastique (MPa)	199
Coefficient d'écrouissage n	0.1
Paramètres géométriques	
Dimensions du flan ($mm * mm$)	40*40
Epaisseur (mm)	0.25

TAB. 2.6 – Principaux paramètres mécaniques et géométriques de l'échantillon de cuivre CuNiP à l'état H12, utilisé pour la réalisation de pièces de petites dimensions par formage incrémental

L'équipement expérimental conçu à cet effet est constitué d'un support et d'un serre-flan circulaires. Le maintien du flan en position est assuré par quatre vis. Le flan est donc totalement bloqué lors de sa mise en forme. L'outil utilisé est de forme hémisphérique avec un diamètre de tête de 1 mm. La photo, figure 2.18, présente cet équipement.

Les paramètres de la machine définis sont résumés dans le tableau 2.7. Aucun lubrifiant n'a été utilisé.

Sur les photos de la figure 2.19 sont exposées différentes pièces produites par formage incrémental, un hexagone de 3 mm de côté et de profondeur 3 mm d'une part, un tronc de cône, de profondeur 8 mm, dont le diamètre de la grande base est de 15 mm et celui de la petite base est de 3 mm d'autre part.

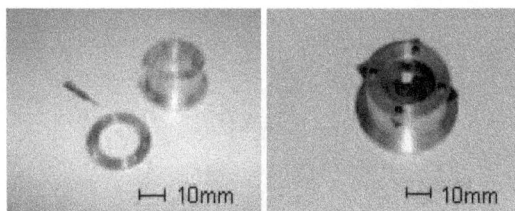

FIG. 2.18 – *Equipement expérimental utilisé pour le formage incrémental de pièces de petites dimensions*

Vitesse d'avance (mm/min)	300
Vitesse de rotation de la broche (tr/min)	250
Incrément vertical (mm)	0.01

TAB. 2.7 – Paramètres du procédé employés pour la mise en forme de pièces de petites dimensions par formage incrémental

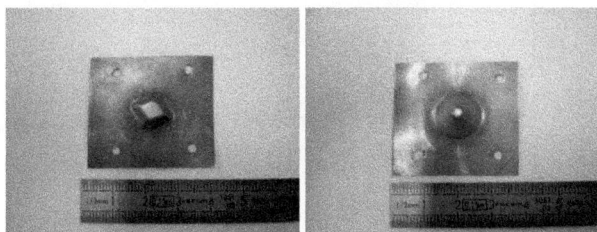

FIG. 2.19 – *Exemple de composants de petites dimensions obtenus par formage incrémental*

Toutes les pièces obtenues sont saines, c'est-à-dire qu'elles ne présentent pas de zone de rupture ni même de fissures.

Dans la section 2.2 du présent chapitre, des observations ont été faites relativement aux aspects géométriques d'une pièce produite par formage incrémental. Afin de vérifier si ces observations sont applicables aux pièces de petites dimensions, le profil de la pièce à base hexagonale de la figure 2.19 a été mesuré et comparé au profil théorique.

La mesure a été effectuée à l'aide d'un appareillage de mesure optique 3D Infinite Focus® distribué par la société Alicona (voir photo en figure 2.20).

Les résultats sont présentés sur le graphique de la figure 2.21. Les mêmes défauts d'ordre géométrique que ceux décrits précédemment sont observables. Il semble donc que les résultats obtenus en formage incrémental de tôle de dimensions « macroscopiques » soient transposables aux flans de petites dimensions.

FIG. 2.20 – *Appareil de mesure optique Infinite Focus®*

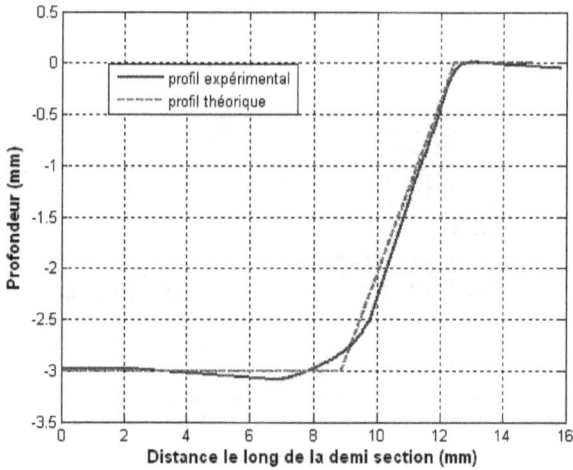

FIG. 2.21 – *Mesure du profil extérieur d'une pièce à base hexagonale*

2.4   Conclusions partielles

Dans ce chapitre, les investigations expérimentales réalisées au cours des travaux de thèse ont été présentées . La possibilité de mettre en forme des structures minces par formage incrémental a été mise en évidence et les résultats quantifiés. Parallèlement au test de validation du procédé, une étude à caractère géométrique a été menée afin de caractériser les capacités du procédé. Il en résulte qu'une attention particulière doit être portée sur les nombreux paramètres du formage incrémental et que la définition rigoureuse de ces derniers est nécessaire afin de garantir son application dans le secteur industriel. A ce jour, de nombreux efforts restent à effectuer afin de remplir cet objectif.

Dans cette optique, les applications potentielles du formage incrémental ont été abordées. En effet, même si ce procédé reste à optimiser, les avantages qui y sont associés pourraient le conduire à être utilisé en tant que procédé complémentaire, venant compléter les possibilités des procédés conventionnels. Par ailleurs, nous n'oublierons pas sa potentielle application dans le secteur des microtechniques, là où les procédés de formage standards comme l'emboutissage ne peuvent répondre à des exigences de fabrication sévères, le plus souvent dans le cadre de petites séries. Il a ainsi été démontré que le formage incrémental pouvait être appliqué à la réalisation de microcomposants de forme complexe. Ces possibilités restent à investiguer plus en profondeur en apportant de nouveaux éléments aux études réalisées (Dejardin et al., 2007), car il existe de nombreux champs d'application dans le domaine des microsystèmes et du biomédical par exemple.

Une dernière remarque doit être faite concernant les modes de déformations rencontrés en formage incrémental. Nous avons vu dans ce chapitre que selon la géométrie du composant à réaliser, différents modes de déformations peuvent intervenir. Il s'agit là d'une remarque importante quant à l'implémentation et à la pratique du procédé, illustrant ainsi la nécessité d'accroître la connaissance du formage incrémental. Il sera donc nécessaire d'étudier plus en profondeur le comportement local du flan. Des études expérimentales vont donc être menées dans ce sens, notamment en terme de caractérisation du matériau (sollicitations multiaxiales, influence de l'anisotropie, comportement cyclique), ceci afin de prédire le comportement du flan en service et après mise en forme. Le développement de procédures d'identification spécifiques et adaptés au formage incrémental pourrait se révéler nécessaire (Decultot et al., 2008).

Le chapitre suivant s'inscrit dans cette démarche de développement des connaissances du procédé, en apportant des précisions sur les principaux aspects du formage incrémental. Les résultats quantifiés qui y sont associés sont issus des travaux réalisées à partir d'une modélisation numérique tridimensionnelle du procédé.

Chapitre 3

Simulations et analyse du formage incrémental

Sommaire

3.1   Contexte et motivations de l'étude

Il n'est pas nécessaire de rappeler l'importance de la modélisation et des simulations numériques dans le secteur de la mise en forme des structures minces. En effet, l'apparition des techniques numériques de plus en plus performantes a permis la construction de modèles robustes basés sur la méthode des éléments finis, permettant une simulation précise des différents procédés de mise en forme, réduisant ainsi considérablement le nombre d'essais expérimentaux nécessaires à la détermination des paramètres optimaux des procédés associés.

Concernant le formage incrémental, dans le même temps que des recherches expérimentales sont menées dans le monde entier pour exploiter les possibilités d'un tel procédé innovant, il apparaît que la méthode de calcul par éléments finis constitue un outil efficace pour la simulation et le développement de l'ISF (Bambach et al., 2005).

La démarche exposée dans ce chapitre résume les principales investigations numériques développées au cours des travaux de thèse. Cette démarche s'inscrit dans l'objectif d'exploiter et de mettre en évidence les principaux paramètres du procédé, afin de développer les connaissances et la pratique du formage incrémental.

Le formage incrémental mono point étant un procédé de mise en forme progressif caractérisé par de grands déplacements et des déformations localisées, un schéma de résolution explicite a été adopté afin de réaliser les simulations du procédé. Il en résulte le choix du code de calcul commercial Ls-Dyna® comme code de simulation par éléments finis. Ce code est en effet particulièrement adapté pour la simulation de problèmes non-linéaires. Il propose des éléments finis (barres, poutres, coques, solides,...) qui permettent la simulation d'un large panel de problèmes mécaniques (structure, thermique, fluide,...). En mise en forme des matériaux, Ls-Dyna® est un logiciel classiquement utilisé pour la simulation de procédés de mise en forme des structures minces (emboutissage, hydroformage, fluotournage,...).

Ce chapitre présente une modélisation tridimensionnelle du procédé de formage incrémental. L'objectif de ces travaux numériques est de construire un modèle simple du formage incrémental capable de déterminer avec précision l'évolution des déformations et de l'épaisseur du flan au cours du procédé. A partir du modèle proposé, une étude préliminaire sera menée visant à valider les résultats numériques obtenus par corrélation avec les observations expérimentales.

3.2   Présentation du modèle éléments finis

3.2.1   Description géométrique et conditions aux limites

Basées sur la campagne expérimentale décrite précédemment, les investigations numériques réalisées portent principalement sur la simulation d'une pièce de forme tronconique dont les principales dimensions géométriques sont rappelées dans le tableau 3.1. Celui-ci rappelle également les principales dimensions des composants intervenants lors de la modélisation du procédé.

Pièce simulée	
Diamètre grande base	140 mm
Diamètre petite base	40 mm
Profondeur	50 mm
Inclinaison de la paroi	45°
Géométrie de l'équipement	
Flan	$300 * 300 \text{ mm}^2$
Support (dimensions extérieures)	$300 * 300 \text{ mm}^2$
Support (dimensions intérieures)	$200 * 200 \text{ mm}^2$
Diamètre outil	10 mm

TAB. 3.1 – Géométrie et dimensions des structures utilisées dans la modélisation du formage incrémental

La figure 3.1 présente une vue éclatée de l'équipement modélisé. Le flan repose sur un support de section carrée de $200 * 200 \text{ mm}^2$. Par soucis de simplification, les pinces ne sont pas prises en compte. L'effort de maintien en position du flan est alors modélisé par une pression appliquée sur le plateau supérieur.

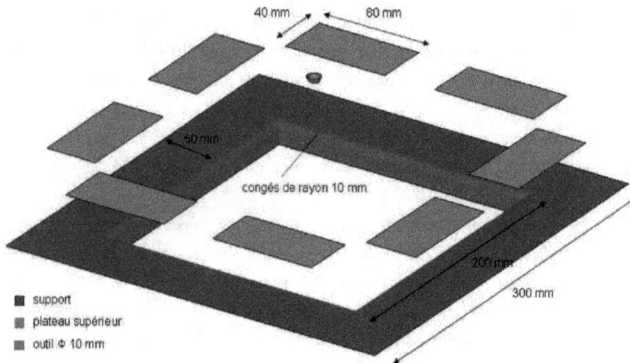

FIG. 3.1 – Vue éclatée de l'équipement modélisé

Dans un premier temps, la valeur de l'effort du serre-flan sur la tôle a été établie selon les considérations relevées par Ambrogio et al. (2005a). Au cours d'une étude visant à réduire l'amincissement du flan au cours de sa mise en forme, les auteurs proposent d'appliquer un effort contrôlé permettant l'écoulement de la matière. Une approche intéressante a alors été menée visant à déterminer une pression optimale en fonction de la limite élastique du matériau. Il résulte de cette analyse qu'une pression comprise entre 2% et 3% de la valeur de la limite élastique est suffisante pour bloquer la tôle en position. Par ailleurs, en raison des effets associés aux déformations localisées, les contraintes appliquées sur le flan sont assez faibles, le maximum étant de l'ordre de 10 MPa selon les auteurs. Un mouvement de matière est donc possible pour de faibles valeurs d'effort de serre-flan. En revanche, une pression trop faible, libérant quasiment la tôle de toutes contraintes, pourrait entraîner des défauts de géométrie importants.

Une valeur d'effort de serre-flan équivalent à une pression égale à 2% de la valeur de la limite élastique a donc été retenue.

Afin de garantir une bonne transmission de l'effort de serrage au travers du contact plateau supérieur/flan, le plateau supérieur sera libre de se déplacer selon l'axe vertical.

L'outil est modélisé par une demi-sphère creuse de diamètre 10 mm. Les conditions aux limites seront définies selon le chemin imposé à l'outil au cours de la simulation du procédé. Un contrôle en déplacement de l'outil a donc été mis en oeuvre.

La stratégie de formage retenue pour mener la campagne d'essais numériques a été élaborée à partir d'une routine développée sous le logiciel Matlab®, permettant de générer des trajectoires plus ou moins complexes, directement sous la forme d'un fichier dont le format est compatible avec le code de calcul utilisé. Afin de respecter les conditions expérimentales, une stratégie dite « en escalier » a été prise comme trajectoire de base dans cette campagne numérique.

La figure 3.2 schématise la trajectoire en escalier utilisée.

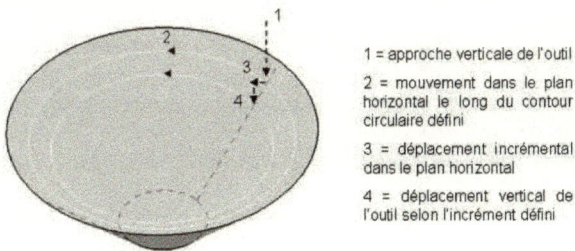

1 = approche verticale de l'outil

2 = mouvement dans le plan horizontal le long du contour circulaire défini

3 = déplacement incrémental dans le plan horizontal

4 = déplacement vertical de l'outil selon l'incrément défini

FIG. 3.2 – *Schématisation de la trajectoire d'outil en escalier utilisée dans la campagne de simulation numérique*

Ne subissant aucune déformation intervenant dans le procédé de mise en forme, les éléments du plateau supérieur et du support seront considérés comme étant rigides. Cette hypothèse sera également appliquée à l'outil. En effet, même si les observations expérimentales ont mis en évidence une usure de l'outil de formage, nous nous intéresserons uniquement aux déformations du flan. Cette hypothèse peut également être corroborée par le fait que l'usure de d'outil est également

liée au matériau utilisé pour celui-ci. Des investigations portant sur le choix du matériau de l'outil
ainsi que sur d'éventuels traitements thermiques doivent être menées.

Par ailleurs, cette modélisation est justifiée par des valeurs importantes de module d'Young des
pièces prises comme corps rigides et permet d'autre part de réduire le temps de simulation, ce
dernier étant fonction du nombre d'éléments déformables intervenant dans le modèle.

Notons que le support sera bloqué dans toutes les directions durant la durée de la simulation.

3.2.2   Maillage et paramètres de simulation

Etant donné que le formage incrémental est un procédé de mise en forme des structures minces
(dans notre cas, un flan de 1 mm d'épaisseur), il semble judicieux d'utiliser des éléments de coques
minces pour modéliser la structure étudiée.

Un modèle CAO basé sur l'outillage expérimental a été construit au préalable. Ce modèle servira
de base à la réalisation du maillage. Notons que, dans un souci de réduire le nombre d'éléments,
la dimension du support expérimental diffère de celle du modèle décrit précédemment.

Compte tenu de la géométrie du flan et du choix des éléments de coques, un maillage quadrangu-
laire surfacique sera développé (cf. figure 3.3).

– Le flan est initialement constitué de 3600 éléments quadrangulaires à quatre noeuds de 5 mm
  de côté.

– Les éléments sont des éléments coques sous intégrés à quatre noeuds de type Belytschko-Tsay.

– Afin de prendre en compte la variation des résultats dans l'épaisseur du matériau et de permettre
  la simulation du retour élastique dû au relâchement des contraintes de serrage, les éléments de
  coques sont choisis avec sept points d'intégration dans leur épaisseur (loi d'intégration de Gauss).

– Un maillage adaptatif a été mis en place permettant la division des éléments subissant une
  distorsion trop importante. Le nombre croissant d'éléments en contact avec la surface de l'outil permet ainsi une modélisation plus précise des déformations locales et progressives de la tôle.

– On simule le comportement du flan à l'aide d'un matériau obéissant à une loi de type Hollomon :

$$\sigma = K.\epsilon^n \tag{3.1}$$

avec K=111 Mpa et n=0.14. (*Remarque : Les valeurs des paramètres de la loi de comportement
utilisée ont été validées par la réalisation d'une série d'essais de gonflement de flan.*)

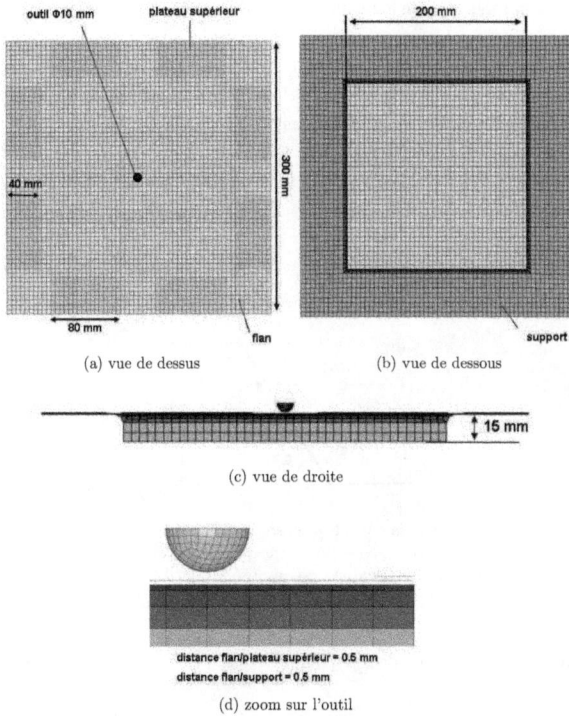

FIG. 3.3 – *Modèle Eléments Finis pour la simulation du procédé de formage incrémental*

– On simule le contact outil/flan à l'aide d'une loi de contact de coefficient de frottement statique égal à 0.2 (valeur issue de la littérature).

– La modélisation du contact entre les différents éléments de la structure sera réalisée grâce à un algorithme de pénétration.

La mise en oeuvre d'un algorithme de résolution explicite impose le choix d'un temps de simulation global pour la résolution numérique, basé généralement sur une connaissance empirique du code de calcul et du type de procédé simulé (notamment la vitesse de l'outil). Au cours de la simulation, le pas de temps est calculé à partir de la dimension caractéristique du plus petit élément déformable. La durée du calcul sera alors d'autant plus grande que le nombre d'incréments (correspondant au rapport entre le temps de simulation et le pas de temps) sera élevé.

Afin d'avoir un premier aperçu sur l'utilisation d'un modèle éléments finis, il est important d'avoir une idée de l'ordre de grandeur du temps CPU nécessaire à l'analyse considérée. Pour estimer le temps CPU, plusieurs hypothèses et différentes considérations ont été prises en compte.

Considérons une pièce de forme tronconique de rayon maximum R_0 (rayon de la grande base) et de profondeur H. La génératrice du cône est inclinée d'un angle α par rapport à l'horizontal (voir figure 3.4).

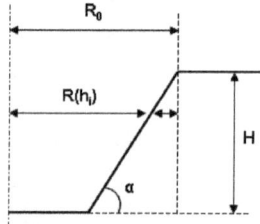

FIG. 3.4 – *Schématisation de la géométrie considérée dans le calcul d'estimation du temps CPU*

Dans ce schéma, un incrément vertical Δz est imposé à l'outil.
La distance parcourue par l'outil peut alors être calculée de la manière suivante :

– Le nombre de cycles (rotation dans le plan horizontal) effectués par l'outil vaut

$$n = \frac{H}{\Delta z} \tag{3.2}$$

– La distance L_i parcourue par l'outil au cours d'un cycle à une profondeur h $=$ i.Δz s'écrit

$$L_i = 2\pi.(R_0 - \frac{h}{tan\,\alpha}) = 2\pi.(R_0 - \frac{i.\Delta z}{tan\,\alpha}) \tag{3.3}$$

où i $= 1...$n désigne le numéro du cycle effectué par l'outil à un instant t

– La longueur total du chemin d'outil est donnée par

$$L = \sum_{i=1}^{n} Li = \sum_{i=1}^{n} 2\pi.(R_0 - \frac{i.\Delta z}{tan\,\alpha}) = \frac{2\pi.H}{\Delta z}.(R_0 - \frac{H + \Delta z}{2.tan\,\alpha}) \tag{3.4}$$

– Si nous supposons que l'outil décrit sa trajectoire à une vitesse constante V, le temps de formage T est donné par

$$T = \frac{L}{V} = \frac{2\pi.H}{V.\Delta z}.(R_0 - \frac{H + \Delta z}{2.tan\,\alpha}) \tag{3.5}$$

– Pour un pas de temps Δt donné, le nombre d'incréments nécessaire à l'exécution de l'analyse est

$$n_{inc} = \frac{T}{\Delta t} \tag{3.6}$$

– Supposons maintenant que le temps t_{inc} nécessaire au code de calcul pour effectuer l'analyse considérée pour un élément et pour un incrément, ne dépende que de la vitesse CPU et qu'il soit constant pour un ordinateur donné. Le temps CPU total nécessaire pour le calcul s'écrit alors :

$$T_{CPU} = n_{inc}.n_{el}.t_{inc} \tag{3.7}$$

où n_{el} est le nombre d'éléments déformables constituant le modèle.

Revenons maintenant sur le calcul du pas de temps avant de donner une estimation du temps CPU pour un exemple donné. Pour un élément de coque, le pas de temps est donné par la relation suivante :

$$\Delta t = \frac{L_s}{c} \tag{3.8}$$

où L_s est la longueur caractéristique de l'élément coque et c la vitesse de propagation du son dans le matériau considéré. Ces deux grandeurs se déterminent par les relations suivantes :

$$L_s = \frac{(1 + \beta).A_s}{max(D1, D2)} \tag{3.9}$$

avec $\beta = 0$ pour les éléments quadrangulaires, A_s est l'aire de l'élément considéré et D_i représente la longueur d'une diagonale de l'élément considéré.

$$c = \sqrt{\frac{E}{\rho(1 - \nu^2)}} \tag{3.10}$$

Les paramètres utilisés pour le calcul d'estimation du temps CPU sont résumés dans le tableau 3.2 :

Le temps de calcul pour une analyse complète est alors estimé à 4194 heures soit environ 175 jours ! (*Remarque : La vitesse V de l'outil est prise égale à la vitesse d'avance utilisé dans la campugne expérimentale, soit 2000 mm/min.*)

Ce temps CPU nécessaire à la simulation complète du formage incrémental est principalement dû à la nature du procédé et à la longueur de la trajectoire à parcourir par l'outil.
En regard à cette estimation, le temps de simulation doit être considérablement réduit. Différentes solutions sont alors envisageables. Une vitesse artificielle sera alors imposée à l'outil . Cette solution, classiquement utilisée dans la mise en oeuvre de simulations de procédés de formage

Module d'Young E	70000 MPa
Masse volumique	2700 kg.m^{-3}
Coefficient de Poisson	0.33
Rayon grande base R_0	70 mm
Profondeur	50 mm
Inclinaison de la paroi	45°
Incrément vertical	1 mm
Nombre d'élément n_{el}	3600
Surface de l'élément A_s	25 mm^2
Diagonale d'un élément D_i	7 mm
t_{inc}	10^{-6} s
Pas de temps	10^{-7} s
Nombre de CPU	1

TAB. **3.2** – Paramètres utilisés dans le calcul d'estimation du temps CPU

des tôles, nécessite cependant de prendre en compte les effets dynamiques liés à l'augmentation de la vitesse d'outil. L'optimisation du modèle éléments finis n'étant pas le principal thème des travaux décrits dans le présent mémoire, nous choisirons des coefficients permettant d'obtenir un temps CPU dont la durée est de l'ordre de l'heure dans le cas d'un modèle simple, sans maillage adaptatif, en maîtrisant au mieux les effets d'inertie. Un critère est alors retenu, visant à vérifier que le rappport entre l'énergie cinétique et l'énergie de déformation soit constamment inférieur à 10%.

L'estimation du temps CPU est alors validée par la simulation d'une durée totale de 3564 secondes soit 59 minutes et 24 secondes. Le tableau 3.3 donne les estimations du temps CPU pour trois simulations de temps de mise en forme différents ainsi que le temps CPU réel donné après exécution de la simulation.

Simualtion	1	2	3
Temps CPU théorique	6 min	1 h	10 h
Temps CPU réel	8 min 32 s	59 min 24 s	9 h 41 min 5 s

TAB. **3.3** – Validation du calcul d'estimation du temps CPU

Une fois les paramètres de simulation réglés (voir tableau 3.4), le temps de calcul nécessaire à la simulation d'une pièce de forme tronconique mettant en oeuvre un maillage adaptatif est d'environ 80 heures.

Remarque : les calculs sont exécutés sur un PC équipé d'un processeur Intel® Xeon cadencé à 3.2 GHz.

Vitesse d'outil	80 m/min
Pas de temps	$0.9*10^{-7}$ s
Fréquence d'adaptation du maillage	$5*10^{-3}$ s^{-1}

TAB. 3.4 – Paramatrès retenus pour la simulation du procédé de formage incrémental

3.3 Validation du modèle EF

Afin de valider le modèle numérique utilisé pour la simulation du procédé de formage incrémental, une comparaison des résultats obtenus numériquement et expérimentalement a été effectuée. Pour cette campagne de validation, deux paramètres ont été retenus : le profil géométrique d'une part et l'épaisseur du flan d'autre part. Le choix de ces paramètres à été motivé par des critères de qualité ainsi que par des critères d'ordre pratique. En effet, le profil extérieur de la pièce est une donnée se mesurant relativement facilement et permettant d'obtenir des informations sur la géométrie de la pièce formée. La mesure de l'épaisseur permet quant à elle de valider l'état de déformation du flan après mise en forme.

3.3.1 Premier critère de comparaison : le profil géométrique

Dans le but de valider le modèle numérique d'un point de vue géométrique, le profil réel de la pièce a été mesuré expérimentalement et comparé au profil obtenu après simulation du procédé. La démarche expérimentale est la même que celle décrite au chapitre 2. Tous les résultats numériques décrits dans cette section sont tirés des simulations du formage incrémental d'une pièce identique à celle formée expérimentalement et prenant en compte le retour élastique du flan dû au relachement des efforts de maintien de celui-ci au cours du procédé. Le phénomène de retour élastique a été traité à l'aide d'un schéma de résolution statique implicite.

• Première validation du modèle

Dans un premier temps, différents profils ont été établis selon les résultats de simulation et comparés entre eux afin de vérifier la bonne mise en forme de la tôle et le respect de la symétrie de la pièce.
La figure 3.5 schématise les différents profils pris en compte dans cette analyse.

On donne respectivement sur les figures 3.6 et 3.7 la comparaison entre les profils 1 et 2 (respectivement pris le long de l'axe X et le long de l'axe Y) et les profils 3 et 4 (diagonales du flan initial).
Les courbes observables sur la figure 3.6 démontrent une bonne corrélation entre les deux profils géométriques le long des parois. En revanche un écart non négligeable est noté au niveau de la courbure localisée autour de la petite base correspondant au dernier cycle de rotation de l'outil. En effet, dans la partie des abscisses positives, l'écart relatif atteint les 15%, avec un

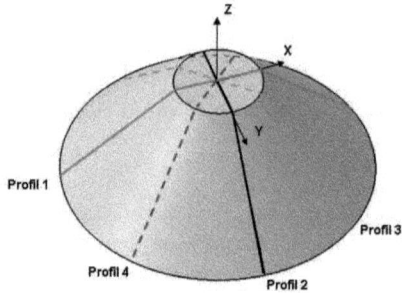

FIG. **3.5** – *Localisation des différents profils géométriques retenus pour la validation du modèle numérique*

enfoncement de l'outil plus prononcé sur le profil 1. Cependant, cette erreur est principalement due à la stratégie de formage utilisée. En effet, c'est sur ce profil que l'outil termine son cycle de rotation et se déplace ensuite verticalement pour procéder à la rotation suivante. Il s'agit donc de la zone la plus critique avec une stratégie dite « en escalier ». Le bombé plus important observé est donc une conséquence du dernier incrément vertical de l'outil.

Les courbes de la figure 3.7 dénotent un écart géométrique entre les profils localisés au niveau de la section plane comprise entre -100 mm et -150 mm. Cette différence, qui n'excède pas les 3% d'écart relatif, trouve son explication dans la mise en œuvre de la simulation du retour élastique. En effet, afin de supprimer les éventuels mouvements de corps rigide, des nœuds appartenant aux extrémités du profil 4 ont été contraints en translation dans les trois directions de l'espace.

Ces comparaisons confirment donc que le modèle numérique respecte la symétrie de la pièce et que celle-ci est convenablement formée d'un point de vue géométrique.

• Seconde validation du modèle

Comme nous venons de le voir, la simulation numérique respecte la symétrie de la pièce. En se basant sur cette observation, les analyses suivantes prendront uniquement en compte le profil 1 sur lequel est située la zone la plus fragile de la pièce mise en forme par formage incrémental. Afin de valider les résultats numériques, une comparaison entre le profil construit numériquement et celui mesuré expérimentalement, a été effectuée. Les courbes de la figure 3.8 en sont l'illustration.

Une bonne corrélation entre les deux profils est observable dans son ensemble. Cependant, si nous définissons l'erreur géométrique due à la modélisation par la distance séparant les deux courbes, nous pouvons noter une erreur relative maximale de 2% le long de la paroi du cône. Une erreur plus importante a été observée au niveau de la courbure due au passage de l'outil

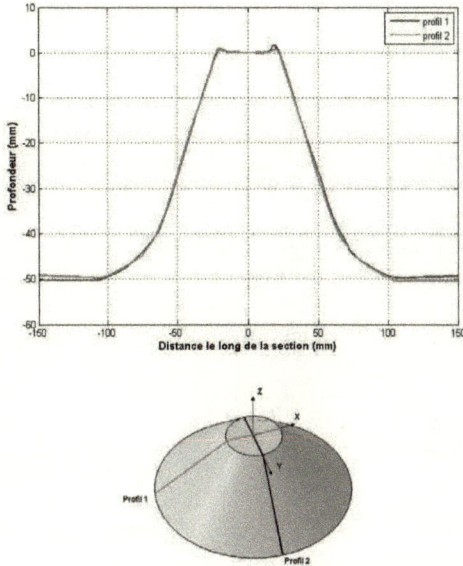

FIG. 3.6 – *Comparaison des profils numériques 1 et 2*

lors de son dernier cycle (rotation le long de la petite base). En effet un écart relatif de près de 25% a été relevé. Cette erreur trouve probablement son origine dans la difficulté de mesurer expérimentalement cette courbure.

3.3.2   Second critère de comparaison : la mesure d'épaisseur

L'amincissement du flan après formage incrémental reste certainement le point le plus critique du procédé. En effet, même si celui-ci reste homogène en comparaison avec l'emboutissage, l'amincissement de la tôle est nettement plus critique dans le cas du formage incrémental.

L'épaisseur du flan représente alors un critère majeur dans l'étude du procédé, c'est pourquoi le modèle numérique doit prédire le plus fidèlement possible l'amincissement du flan au cours du formage incrémental.

- Campagne expérimentale de mesures d'épaisseur

Afin de pouvoir valider le modèle numérique selon le second critère de comparaison défini, il a été nécessaire de mesurer expérimentalement l'épaisseur du flan le long d'une section. Pour

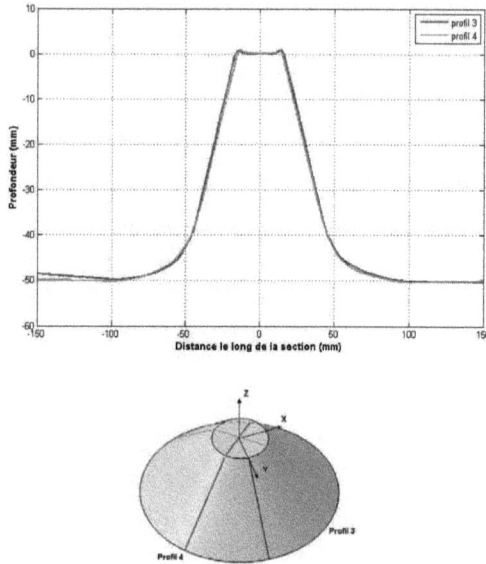

FIG. 3.7 – *Comparaison des profils numériques 3 et 4*

cela, une pièce de forme tronconique de profondeur 30 mm a été formée par formage incrémental avec les mêmes paramètres que ceux utilisés lors des investigations expérimentales.

– Equipement utilisé

La mesure d'épaisseur a été réalisée par l'intermédiaire d'un transducteur à ultrasons couplé à un boitier de mesure fourni par la société LABOMAT. L'appareil utilisé est un DAKOTA Ultrasonics MX-3. Les principales caractéristiques du mesureur sont résumées dans le tableau 3.5.

Précision	0.01 mm
Gamme d'épaisseur	0.63 mm à 500 mm
Plage de vitesse	1250 à 10.000 m/s
Fréquence de mesure en mode mesure simple	4 mesures par seconde
Fréquence de mesure en mode balayage	16 mesures par seconde

TAB. 3.5 – Principales caractéristiques du mesureur d'épaisseurs DAKOTA Ultrasonics MX-3

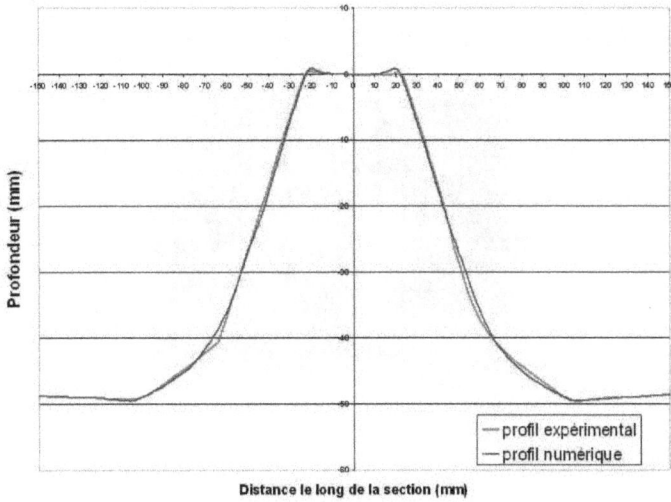

FIG. 3.8 – *Comparaison entre le profil d'une section du cône déterminé numériquement et le profil mesuré expérimentalement*

Le transducteur mis en oeuvre est un capteur par contact direct délivrant une fréquence de 7.5 MHz utilisant un élément double (l'onde ultrasonore est envoyée et captée par le même élément).

Les deux éléments utilisés sont représentés figure 3.9.

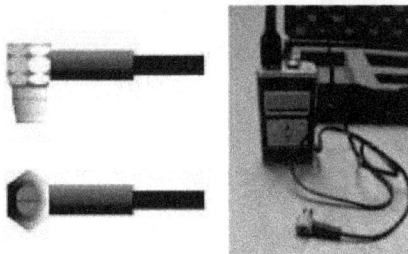

FIG. 3.9 – *Mesureur d'épaisseur et transducteur ultrasons par contact utilisés dans la campagne de mesure*

– Principe de la mesure

Une fois le cône formé, la mesure d'épaisseur point par point par contact a été réalisée sur un ensemble de 15 points espacés de 10 mm et répartis le long du demi profil 1 (cf. figure 3.10).

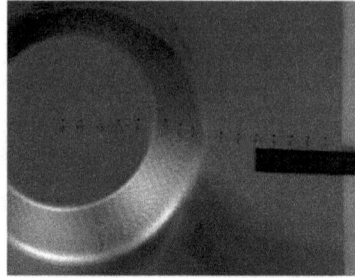

FIG. 3.10 – *Localisation des points de mesures d'épaisseur du tronc de cône utilisés*

- Comparaison des résultats numériques et expérimentaux

On donne sur la figure 3.11 l'allure des courbes donnant l'épaisseur du flan en fonction de la distance par rapport au bord de la tôle (le zéro étant au bord du flan, le point à 150 mm étant au centre).

Deux principales observations peuvent être faites. La première dénote la sur-estimation de l'amincissement maximal du flan dans le cas du modèle numérique pour un point de mesure situé à 95 mm du bord de la tôle, c'est-à-dire correspondant à un point situé dans la partie inférieure de la paroi (point de mesure n° 10 sur la figure 3.10). La mesure expérimentale donne un amincissement de 25% pour une prédiction numérique de 30%, ce qui correspond à un écart relatif au niveau de l'épaisseur d'environ 6.5%.

La seconde observation concerne le point de mesure n°8, c'est-à-dire un point situé juste après la grande base. Les mesures expérimentales mettent en jeu un gain de matière qui n'est pas prédit par la simulation du procédé. Un écart relatif de 4% a été constaté. Cependant, même si les mesures expérimentales ont été validées par plusieurs séries de mesures le long du même profil, un avertissement sera émis étant donnée la difficulté à obtenir une mesure stable le long de la paroi du cône. Par ailleurs il est à noter qu'aucune observation de gain de matière n'a été faite dans la littérature.

En dehors de ces deux points de mesure particuliers, l'écart entre la courbe donnée par les mesures expérimentales et celle construite à partir du modèle numérique n'excède pas 3%.

Il a donc été démontré que le modèle numérique fournissait des résultats corrects d'un point de vue de la prédiction de l'amincissement du flan obtenu par formage incrémental.

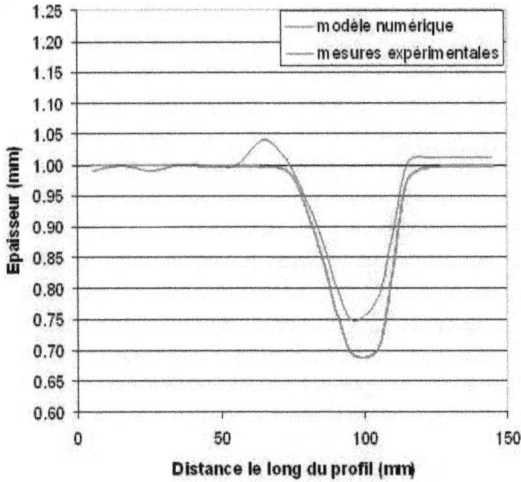

FIG. 3.11 – *Comparaison entre les épaisseurs d'une section du cône déterminées numériquement puis mesurées expérimentalement*

3.3.3 Conclusion partielle

Au regard des comparaisons effectuées entre les données expérimentales et les résultats numériques, il a été démontré que le modèle éléments finis du procédé de formage incrémental mono point présenté dans ce chapitre fournissait des résultats fiables, permettant ainsi la prédiction du comportement du flan sous différentes sollicitations. Cette analyse de validation du modèle s'est appuyée sur deux principaux critères englobant des données purement géométriques, couplées à des données à caractères mécaniques.

3.4 Analyse numérique d'une pièce mise en forme par formage incrémental

Les paragraphes suivants ont pour objectif de décrire les principales caractéristiques d'une pièce mise en forme par formage incrémental. L'analyse s'appuiera sur les résultats numériques obtenus après simulation du formage d'une pièce tronconique de profondeur 50 mm (voir tableau 3.1).

3.4.1 Mise en évidence des principaux défauts géométriques

Pendant le processus de formage, l'outil décrit une trajectoire tronconique en suivant une stratégie dite en escalier. La géométrie finale de la pièce modélisée a été comparée à la géométrie expérimentale ainsi qu'à la forme théorique issue du modèle CAO. La figure 3.12 montre les résultats de cette comparaison le long d'une section longitudinale correspondant au profil 1 (cf. figure 3.5).

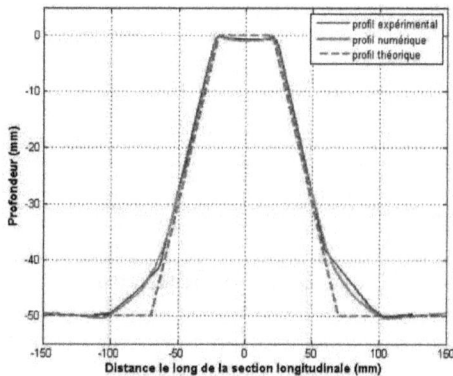

FIG. **3.12** – *Section longitudinale du tronc de cône considérée selon des résultats théoriques, expérimentaux et numériques*

Comme il l'a été mentionné dans le paragraphe 1.3.2, une bonne corrélation entre les résultats numériques et expérimentaux est révélée. L'observation de ces deux profils permet de mettre en évidence les principaux défauts de forme résultant du formage incrémental.

– Dans le cas du formage incrémental, la tôle est simplement maintenue le long de son contour et repose sur un support creux. Le flan reste donc libre de fléchir sous l'effet de l'outil provoquant la flexion de la tôle dans la zone située entre le support et la grande base du tronc de cône. Un tel défaut peut être réglé par l'emploi d'une plaque supplémentaire conçue en fonction de la pièce à former, venant ainsi supporter la tôle durant la mise en forme.

– Lors du retrait de l'outil en fin de cycle, une courbure de la partie non déformée du matériau apparaît. Par conséquent, la profondeur finale de la pièce formée est inférieure à la celle désirée.

Ces trois principaux défauts du formage incrémental représentent un point capital à expliciter et à solutionner pour le développement du procédé dans le monde industriel.

3.4.2 Evolution et distribution des déformations

Dans le but de caractériser les déformations des éléments dans le temps et dans l'espace, l'évolution des déformations plastiques des éléments A, B, C, D et E indiqués sur la figure 3.13 a été analysée. L'élément A est situé dans la zone de flexion de la tôle, près de la grande base et l'élément E est localisé au niveau de la petite base. Les éléments B, C et D correspondent respectivement à une profondeur de 5 mm, 15 mm et 30 mm. Ces éléments sont localisés sur la section longitudinale correspondant au profil 2 et représentent ainsi le lieu de déformation du flan en dehors de la zone critique du cône due au déplacement vertical de l'outil.

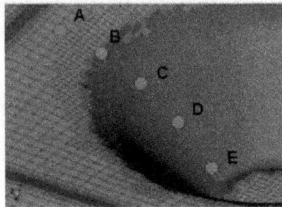

FIG. 3.13 – *Localisation des éléments séléctionnés pour l'étude des déformations du flan*

Au cours de la simulation, les éléments sélectionnés ont été consécutivement affectés par le déplacement de l'outil. L'évolution des déformations est indiquée sur les courbes de la figure 3.14. On remarque alors que cette évolution au cours du temps est caractérisée par des « incréments de déformation ». Chacun de ces incréments est dû à l'action de l'outil à l'approche du voisinage de l'élément considéré. Par ailleurs, aucune déformation n'apparaît lorsque l'outil continue son chemin et s'éloigne de cet élément. De manière évidente, l'élément A, situé près de la grande base, est le premier à être déformé, alors que l'élément E est le dernier à subir les actions de l'outil. Cette évolution indique clairement un mécanisme de déformation localisée du flan au cours du procédé de formage incrémental. Ainsi, une surface élémentaire du flan ne subit pas l'influence d'une autre surface élémentaire distante de la première ayant subit des déformations et réciproquement. Soulignons également qu'une surface considérée subit un état de déformation progressif en fonction du déplacement de l'outil et de son passage au voisinage de la surface considérée. Enfin, il semble probable que l'incrément vertical imposé à l'outil ait une influence sur la hauteur des incréments de déformations observés précédemment.

3.4.3 Distribution des épaisseurs après formage incrémental

On donne figure 3.15 la distribution de l'épaisseur du flan après simulation du procédé. La figure 3.16 illustre l'amincissement. L'épaisseur du flan correspondant à la zone non déformée (c'est-à-dire en dehors du cône de déformation) reste inchangée, ce qui n'est pas le cas le long de la paroi du cône où la tôle subit un amincissement d'environ 30% en moyenne. L'amincissement

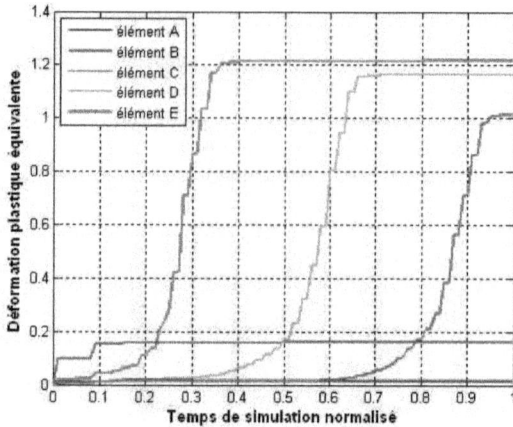

FIG. 3.14 – *Evolution des déformations des éléments localisés sur la paroi d'inclinaison du cône mis en forme par formage incrémental*

maximum est localisé le long de la section où l'outil commence et termine un cycle de rotation en se déplaçant verticalement. L'épaisseur passe alors de 1 mm à moins de 0.5 mm soit plus de 50% d'amincissement. Cet élément confirme alors que cette ligne de déformation représente la zone la plus critique de la pièce formée selon une stratégie en escalier.

Cependant, en dehors de la ligne de déformation imposée par le déplacement vertical de l'outil, nous pouvons noter une bonne homogénéité de la répartition de l'amincissement du flan après mise en forme. Cette observation peut représenter un réel avantage en comparaison avec les procédés standards de formage des structures minces comme l'emboutissage dans lequel les variations d'épaisseurs sont fonctions des différents modes de déformation du flan.

Cette observation nous conduit également à confirmer un mécanisme de déformation unique, se rapprochant de l'élongation simple, mis en évidence dans la littérature dans le cas du formage incrémental d'une forme axisymétrique (Park and Kim, 2003).

Il est également intéressant d'observer la bonne corrélation entre la prédiction de la valeur de l'épaisseur du flan le long de la paroi du cône et la valeur donnée par la loi sinus exprimée par la relation :

$$t = t_0.sin\alpha \tag{3.11}$$

où t représente l'épaisseur du flan à un instant donné, t_0 l'épaisseur initiale du flan et α l'inclinaison de la paroi du cône.

Time =   0.1, #nodes=61288, #elem=58971
Contours of Shell Thickness
    min=0.421503, at elem# 49354
    max=1.38637, at elem# 29237

Fringe Levels

1.386e+00
1.290e+00
1.193e+00
1.097e+00
1.000e+00
9.039e-01
8.075e-01
7.110e-01
6.145e-01
5.180e-01
4.215e-01

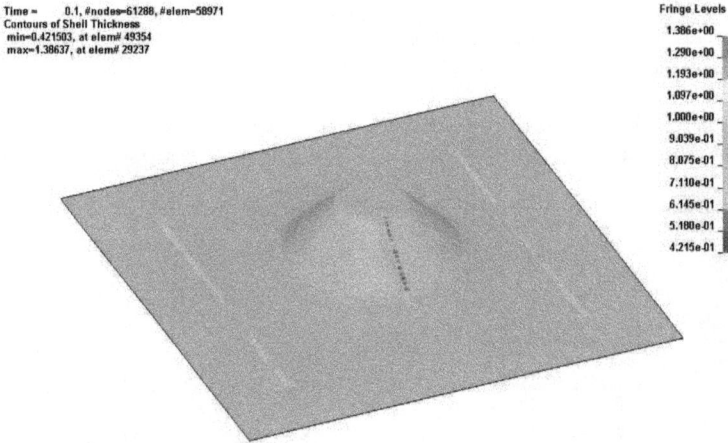

FIG. 3.15 – *Distribution de l'épaisseur du flan après mise en forme*

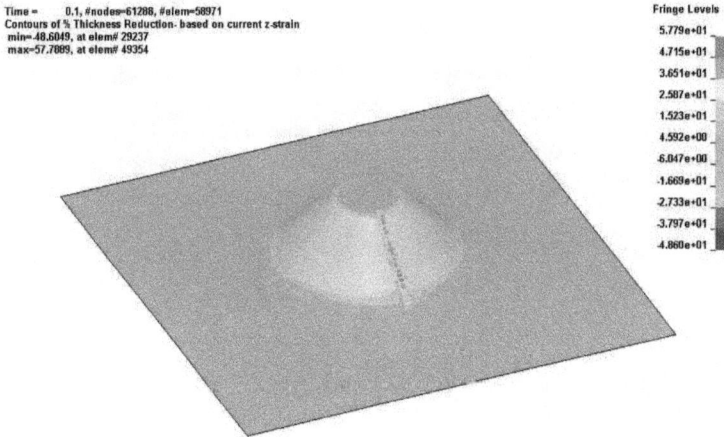

Time =   0.1, #nodes=61288, #elem=58971
Contours of % Thickness Reduction- based on current z-strain
    min=-48.6049, at elem# 29237
    max=57.7889, at elem# 49354

Fringe Levels

5.779e+01
4.715e+01
3.651e+01
2.587e+01
1.523e+01
4.592e+00
-6.047e+00
-1.669e+01
-2.733e+01
-3.797e+01
-4.860e+01

FIG. 3.16 – *Distribution de l'amincissement du flan après mise en forme*

Pour une inclinaison de paroi de 45° et une épaisseur initiale de 1 mm, la loi sinus donne une estimation de l'épaisseur du flan de 0.7 mm environ soit un amincissement 30%.

Notons cependant que la loi sinus est vérifiée le long de la paroi d'inclinaison du cône en dehors des zones de courbures (au voisinage de la petite et de la grande base du tonc de cône) et de la zone critique due au déplacement verticale de l'outil.

Par ailleurs, afin de confirmer un mode de déformation localisé et progressif, l'évolution de l'épaisseur des éléments C et D (voir figure 3.13) en fonction du temps de simulation a été représentée sur la figure 3.17.

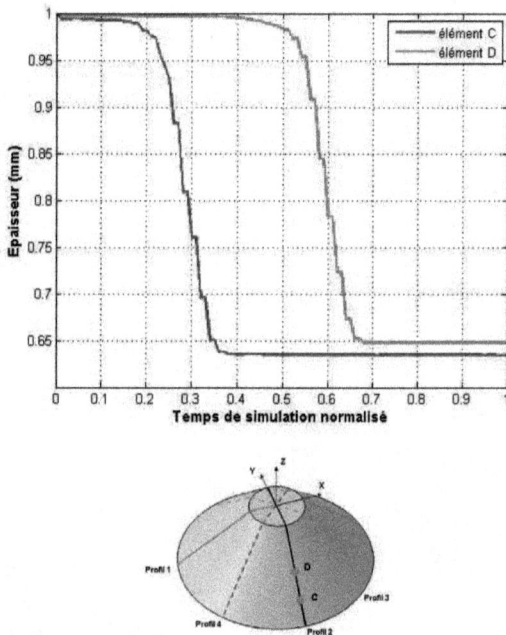

FIG. 3.17 – *Variation localisée et progressive de l'épaisseur d'éléments localisés sur la paroi d'inclinaison du cône mis en forme par formage incrémental*

De manière générale, l'évolution de l'épaisseur des éléments est en accord avec un mode de déformation local et progressif du flan au cours de sa mise en forme.

Toutefois, l'amincissement important du flan représente l'un des inconvénients majeurs du formage incrémental. Il est alors nécessaire d'étudier davantage le procédé afin de développer la connaissance de celui-ci en maîtrisant l'ensemble des paramètres influents et garantir ainsi son application industrielle.

3.4.4 Influence de la stratégie de formage

Dans le souci de développer la connaissance du procédé de formage incrémental et de mettre en évidence la potentielle influence du chemin d'outil sur les caractéristiques du flan, une étude a été menée visant à comparer les résultats précédents (déformation et épaisseur du flan) obtenus après simulation du procédé utilisant deux chemins d'outils distincts. Il a été convenu que la distinction entre les deux stratégies de formage testée serait révélatrice de la nécessité de déterminer et de maîtriser l'ensemble des paramètres du procédé.

Les deux stratégies mises en jeu sont les suivantes :

– Stratégie n°1 : il s'agit de la stratégie en escalier décrite précédemment (cf. figure 3.2).

– Stratégie n°2 : le chemin d'outil ne diffère que par le sens de rotation de l'outil. Dans cette stratégie, l'outil décrit un premier cycle de rotation dans le sens horaire, une fois la rotation et le déplacement vertical effectués, le cycle de rotation suivant est décrit dans le sens anti-horaire.

La figure 3.18 schématise les deux chemins d'outil.

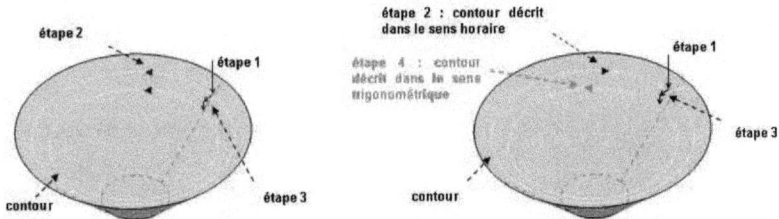

FIG. **3.18** – *Schématisation des stratégies de formage utilisées dans l'étude de l'influence du chemin d'outil sur les caractéristiques du flan*

Considérons maintenant l'évolution des déformations des éléments A, B C et D localisés sur le profil 2 (voir figures 3.5 et 3.13). La figure 3.19 montre qu'il y a peu d'influence de la stratégie de formage sur le niveau maximal de déformation, excepté pour les éléments voisins du milieu de la paroi (exemple de l'élément C) où la valeur de déformation plastique maximale est inférieure dans le cas de la stratégie n°2. L'écart relatif atteint les 8%.

Une étude similaire a été menée sur des éléments situés le long du profil 1 (voir figure 3.5), localisés en particulier le long de la ligne de déformation imposée par le déplacement vertical de l'outil (cf. figure 3.20).

La figure 3.21 démontre une influence du chemin d'outil sur les valeurs maximales des déformations plastiques des éléments situés le long de la section considérée. En effet, les écarts relatifs entre les

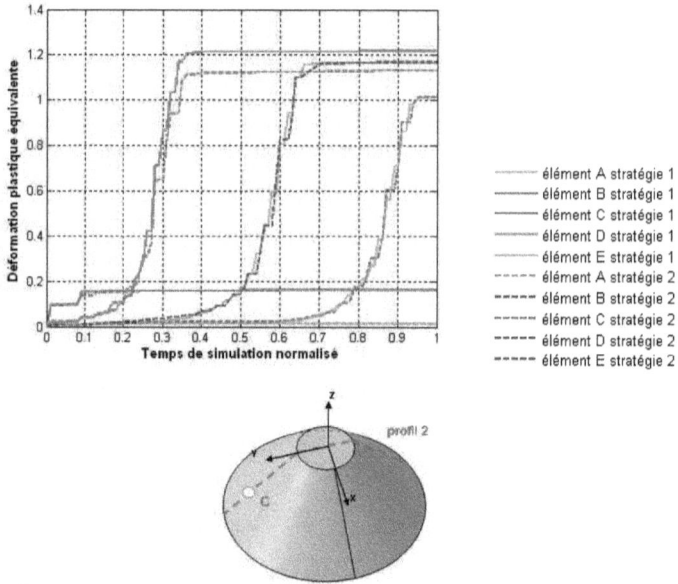

FIG. 3.19 – *Mise en évidence de l'influence de la stratégie de formage sur les valeurs de déformation d'éléments situés le long du profil 2*

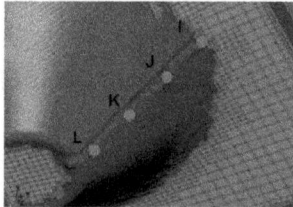

FIG. 3.20 – *Localisation des éléments situés le long du profil 1 séléctionnés pour l'analyse de l'influence de la stratégie de formage*

deux courbes vont de 13% pour l'élément I à 19% pour l'élément K avec des déformations plus importantes dans le cas de la stratégie 1.

Ces remarques sur l'influence de la stratégie de formage localisée sur la zone de déformation imposée par l'outil, nous ont conduit à analyser le comportement de la tôle en terme d'épaisseur. L'utilisation du chemin d'outil n°2 permet de réduire l'amincissement de plus de 6% (écart relatif).

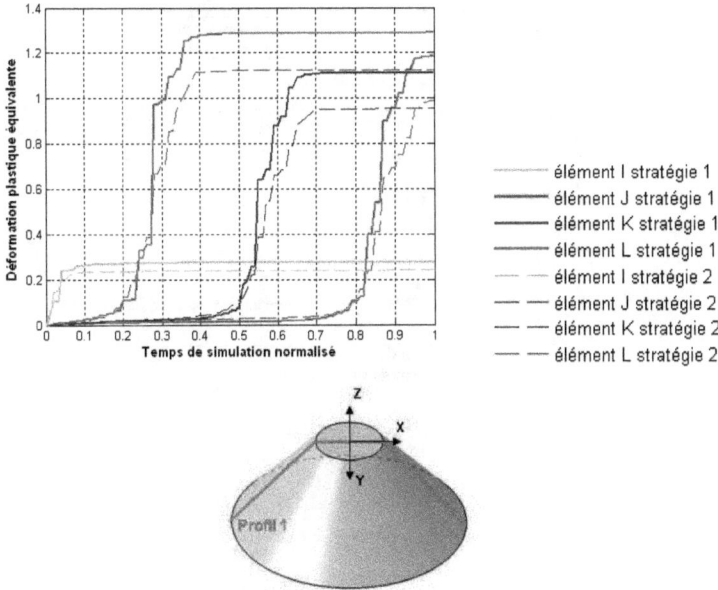

FIG. 3.21 – *Mise en évidence de l'influence de la stratégie de formage sur les valeurs de déformation d'éléments situés le long du profil 1*

La figure 3.22 illustre cette différence en comparant l'évolution de l'épaisseur de l'élément J où l'écart entre les deux stratégies est le plus important.

En revanche, n'ayant pas d'écoulement de matière sous le serre-flan au cours du formage, la conservation de matière nous pousse à nous interroger sur la différence de distribution de l'épaisseur entre les cônes formés selon les deux stratégies étudiées. Si nous observons la figure 3.23 relatant la distribution de l'épaisseur du flan mis en forme avec la stratégie n°2, en comparant avec les résultats de la figure 3.15, nous pouvons constater que la différence d'amincissement est due à une répartition différente de l'amincissement sur le cône de déformation.

La stratégie 2 conduit à une moins bonne homogénéité mais permet cependant d'améliorer la rigidité de la tôle en limitant son amincissement dans la zone critique du cône.

3.4.5 Conclusions partielles

Après avoir présenté le modèle éléments finis développé pour simuler le procédé de formage incrémental mono point, une étude visant à valider les capacités à prédire le comportement du flan après

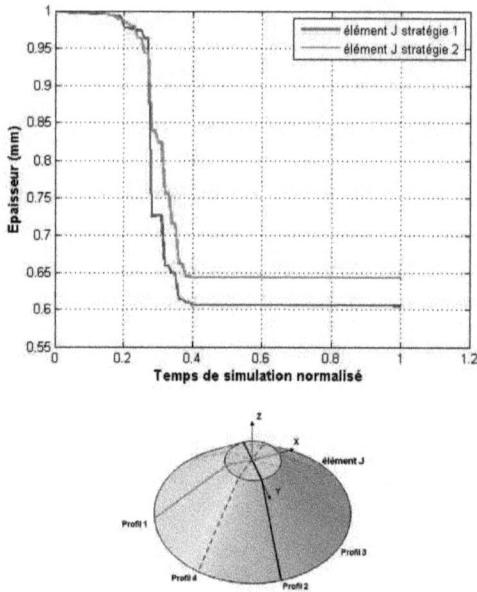

FIG. 3.22 – *Comparaison des variations d'épaisseur de l'élément J situé sur la ligne de déformation imposée par le déplacement vertical de l'outil obtenues dans le cas des deux stratégies de formage testées*

simulation a été menée. Cette validation s'appuye à la fois sur des crititères d'ordre géométrique par la comparaison de profils obtenus numériquement avec ceux mesurés expérimentalement, mais aussi sur des critères mécaniques associés à l'épaisseur du flan après mise en forme.

Une fois le modèle EF validé, une analyse du procédé a été effectuée afin de décrire les principales caractéristiques de la tôle formée. Cette analyse a permis de confirmer les principaux défauts du procédé associés à un amincissement important et à un manque de précision géométrique. Ainsi, il est souligné l'importance d'accroître la connaissance du formage incrémental afin d'établir avec exactitude l'ensemble des paramètres régulant le procédé et d'optimiser celui-ci dans le but de rendre ses applications industrielles viables.

Il est cependant nécessaire de préciser que, bien que le modèle numérique développé dans ce chapitre fournisse des résultats acceptables, ce dernier reste néanmoins à optimiser, notamment au niveau du temps de calcul nécessaire à la simulation de formage d'une pièce à géométrie complexe. Une étude intéressante, basée sur l'implémentation d'une loi de comportement spécifique et visant la réduction du temps CPU, a été proposé par Robert et al. (2008) à cet effet.

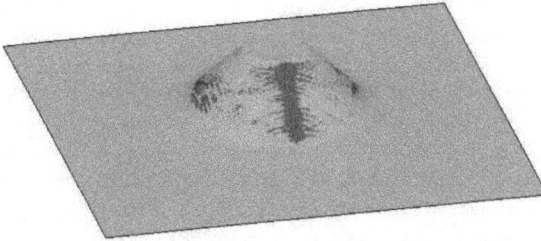

```
Time =    0.1, #nodes=61677, #elem=59370
Contours of Shell Thickness
   min=-0.509671, at elem# 44326
   max=1.42151, at elem# 35661
```

```
Fringe Levels
1.422e+00
1.330e+00
1.239e+00
1.148e+00
1.057e+00
9.656e-01
8.744e-01
7.832e-01
6.920e-01
6.009e-01
5.097e-01
```

FIG. 3.23 – *Distribution de l'épaisseur du flan après mise en forme dans le cas de la stratégie 2*

Le choix de la loi de comportement utilisée pour décrire le comportement du matériau dans le modèle proposé soulève également quelques interrogations. Il est notamment légitime de mettre en relief l'éventuel caractère cyclique du mode de déformation imposée par le passage répété de l'outil pouvant intervenir dans le cas d'un incrément vertical de l'outil de faible amplitude. Dans ce cas, la zone du flan sollicitée à un instant donné (et donc à une profondeur z donnée) pourrait influencer l'état de déformation de la zone déformée à la profondeur $z - \delta z$ (où δz représente l'incrément vertical de l'outil). Un modèle de comportement comprenant un écrouissage isotrope couplé à un modèle d'écrouissage cinématique (permettant de prendre en compte l'effet de sollicitations non-monotones) est envisagé pour décrire plus finement le comportement du matériau.

Enfin, face aux risques de rupture du flan associés à un amincissement important survenant lors du procédé, un critère d'endommagement pourrait être implémenté afin de proposer un modèle numérique complet du formage incrémental.

3.5 Etude du retour élastique - aspects numériques

Il a été relaté au paragraphe 3.4.1 les principaux défauts d'ordre géométriques en relation avec la mise en forme d'une tôle mince par formage incrémental. L'un des problèmes majeurs est un manque de précision dû en partie au phénomène de retour élastique dont les effets sont bien connus. Ce paragraphe présente une analyse des effets du retour élastique en se focalisant sur les variations géométriques d'anneaux extraits du tronc de cône, dans le but d'observer l'influence du phénomène en fonction de la profondeur de la pièce produite. Cette analyse est basée sur les travaux de thèse de Sébastien Thibaud (Thibaud, 2004) exploitant le benchmark proposé lors de la conférence Esaform 2001 par Daimler Chrysler© et l'Université de Dortmund (Rohleder et al., 2001).

3.5.1 Présentation de l'étude

Comme il a déjà été fait état, la simulation du procédé de formage incrémental est menée à l'aide d'un code de calcul de type dynamique explicite. Cependant, le phénomène de retour élastique est considéré comme résultant d'une analyse quasi-statique. Or, il est en principe peu pertinent d'utiliser un code de calcul explicite pour ce type d'étude pour deux raisons essentielles. La première est liée au domaine d'utilisation du schéma de résolution. En effet, l'utilisation d'un code de dynamique transitoire permet de considérer des phénomènes rapides, ce qui n'est pas le cas des phénomènes observés. La seconde raison est liée au schéma d'intégration explicite en lui-même et à sa validité pour la simulation des phénomènes à réponses de type masse fréquence. On s'orientera alors vers le développement d'un module de retour élastique basé sur une résolution quasi-statique implicite. Le principe de la prédiction numérique du phénomène est alors menée en deux étapes.

Dans un premier temps, on considère que le retour élastique est dû au relâchement des contraintes engendrées par les outils au sein du matériau lors du retrait de ceux-ci. Numériquement, cela se traduit par le retrait ou l'élimination des outils et l'application au composant des efforts résultants du contact. Ces efforts permettent de prendre en compte le fait que les outils empêchent le flan de se libérer. On considère alors que la tôle est toujours contrainte et en équilibre statique.

La seconde phase est relative à l'analyse du retour élastique obtenu à partir d'anneaux troncconiques prélevés sur la géométrie (voir figure 3.24).

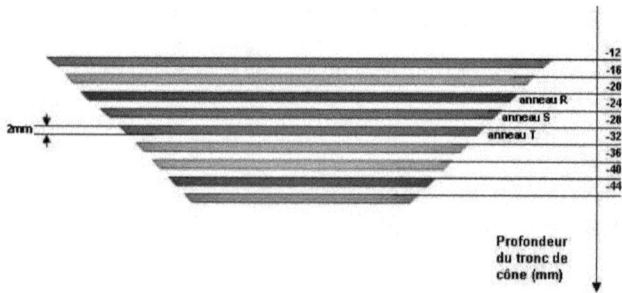

FIG. 3.24 – *Position des anneaux prélevés dans la partie conique de la pièce mise en forme par formage incrémental*

3.5.2 Opération de « détourage numérique »

L'opération de détourage numérique consiste à prélever les anneaux à partir des résultats de la simulation de formage incrémental de façon similaire au prélèvement par découpage mécanique sur les godets emboutis. Le détourage n'induit pas de contraintes mécaniques sur les anneaux, mais permet d'obtenir un nouveau maillage à partir du précédent, naturellement adapté à la géométrie de l'anneau prélevé.

3.5.3 Séparation des maillages

La suite des opérations consiste en une opération de découpage axial des anneaux le long d'une génératrice. La génératrice opposée est alors contrainte (encastrée) pour permettre la prédiction du retour élastique et éviter les mouvements de corps rigide lors de la phase de prédiction (voir figure 3.25).

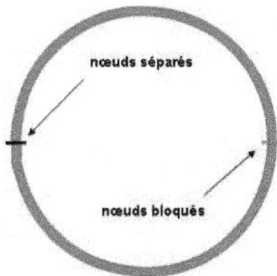

FIG. 3.25 – *Technique utilisée pour la prédiction du retour élastique à partir d'anneaux prélevés dans le tronc de cône mis en forme par formage incrémental*

Cette opération est alors menée en doublant les noeuds positionnés sur ce bord et en créant des nouveaux éléments permettant de relâcher la structure.

3.5.4 Prédiction du retour élastique et résultats

On développe alors la simulation du retour élastique sur les anneaux présentés figure 3.24. Sur la figure 3.26, on représente la prédiction du retour élastique dans le cas du modèle développé. On dénote de manière globale la fermeture des anneaux caractéristique d'un retour élastique négatif avec une déviation selon l'axe X et une fermeture selon l'axe Y légèrement décroissantes avec le diamètre des anneaux. L'analyse détaillée du comportement des anneaux sera focalisée sur trois anneaux localisés dans le milieu de la paroi. Les anneaux considérés, notés R, S et T, de largeur 2 mm, sont prélevés respectivement à une profondeur de -20 mm, -24 mm et -28 mm (voir figure 3.24).

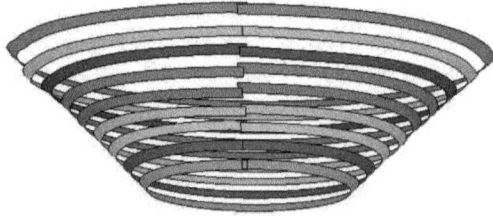

FIG. **3.26** – *Résultat de la simulation du retour élastique des anneaux découpés à partir d'un tronc de cône mis en forme par formage incrémental*

Afin d'analyser le comportement des anneaux après relaxation des contraintes, on propose d'observer les résultats illustrés en figure 3.27. On constate alors à la fois une fermeture de l'anneau sur lui même (axe Y) ainsi qu'une déviation selon l'axe X. L'extrêmité des anneaux est reconstruite sur la figure 3.28.

Les résultats obtenus numériquement ont été mis en parallèle avec les observations faites lors d'une analyse expérimentale effectuée sur des anneaux prélevés à partir d'un tronc de cône mis en forme par formage incrémental. Dans ce cas, les anneaux on été découpés à l'aide d'une machine d'électro-érosion à fil fin par immersion. La photo de la figure 3.29 illustre le retour élastique négatif des anneaux pris sur la pièce expérimentale.
Les résultats numériques corroborent donc les observations faites expérimentalement. L'ensemble des anneaux subit un retour élastique négatif avec une amplitude de fermeture fonction de la profondeur du composant formé.

3.6 Comparaison entre une pièce mise en forme par formage incrémental et une pièce emboutie

3.6.1 Observations générales

L'emboutissage est un procédé communément employé pour la mise en forme des tôles minces par déformations plastiques. Comme nous l'avons mentionné au chapitre 1, ce procédé de formage est aujourd'hui parfaitement maîtrisé et permet d'obtenir des composants satisfaisants, en particulier dans le domaine des grandes séries. Rappelons que l'emboutissage nécessite l'emploi d'une tôle qui va être déformée par un couple d'outils poinçon/matrice/serre—flan, lui donnant une forme finale déterminée. Le maintien de la tôle est assuré par un serre-flan.

(a) Vue de dessus

(b) Vue de droite

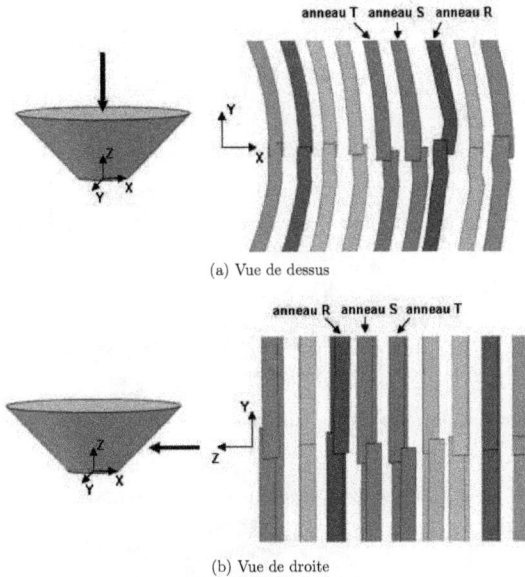

FIG. **3.27** – *Résultats de la simulation numérique du retour élastique d'anneaux prélevés sur une pièce de forme tronconique*

Les proceedings des différentes conférences NUMISHEET mettent en avant les principaux critères géométriques à respecter pour réaliser un emboutissage performant et respectant le cahier des charges des composants à réaliser. Il est nécessaire d'avoir une fois de plus à l'esprit que les développements et les calculs numériques présentés ici ne sont pas optimisés. Ils visent en premier lieu à aborder une technologie de formage complexe et spécifique, afin d'établir le cadre d'une étude qui devra être poussée par la suite pour permettre d'établir des conclusions fermes quant à la comparaison de ces deux procédés pour le formage d'une pièce de forme tronconique.

L'objectif est donc ici de mettre en forme le même tronc de cône que celui décrit au paragraphe 3.2.1 (voir le tableau 3.1). Pour réaliser l'emboutissage de cette pièce, on partira d'un flan d'épaisseur égale à 1 mm. On connaît la profondeur de la pièce que l'on souhaite réaliser (L = 50 mm) et on prendra comme diamètre final le diamètre moyen du cône à savoir D = 120 mm. On utilise le diamètre moyen du cône comme référence afin de définir la géométrie du poinçon à employer, dont le diamètre correspond dans le cas classique de l'emboutissage au diamètre intérieur de la pièce à réaliser. On calcule le diamètre du flan à utiliser à l'aide de la relation suivante :

$$D_f = \sqrt{D^2 + 4.D.L} = 196mm \tag{3.12}$$

93

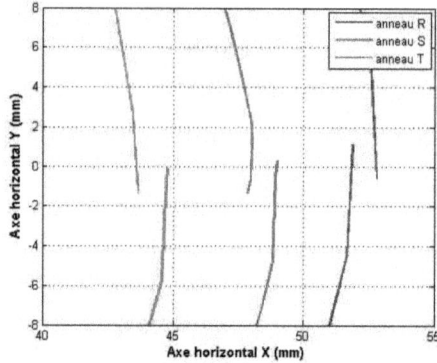

FIG. 3.28 – *Observation du retour élastique numérique sur l'extrémité des anneaux prélevés sur le tronc de cône*

FIG. 3.29 – *Retours élastiques négatifs observés sur des anneaux découpés à partir d'un tronc de cône mis en forme par formage incrémental*

On prendra alors un diamètre de flan égal à 200 mm.

On calcule ensuite le rapport d'emboutissage β permettant de déterminer si un emboutissage en une passe va être réalisable ou s'il va falloir opter pour un emboutissage multi-passes.

$$\beta = \frac{D_f}{D} = 1.6 \tag{3.13}$$

Le rapport d'emboutissage étant inférieur à 2 et proche de la valeur standard de 1.5, l'emboutissage en une seule passe peut être envisagé.

La figure 3.30 illustre le modèle éléments finis adopté pour réaliser l'emboutissage. La géométrie du poinçon a été déterminée afin de respecter les dimensions du cône à mettre en forme. Un rayon de matrice de 5 mm a été choisi au niveau de la petite base du cône afin de garantir le même rayon de courbure entre la paroi et la partie non déformée du flan. Cette valeur correspond au rayon de l'outil utilisé en formage incrémental. Concernant le rayon de la partie supérieure de la matrice (grande base du cône), une valeur de 2 mm a été utilisée. Les principales données géométriques sont résumées dans le tableau 3.6.

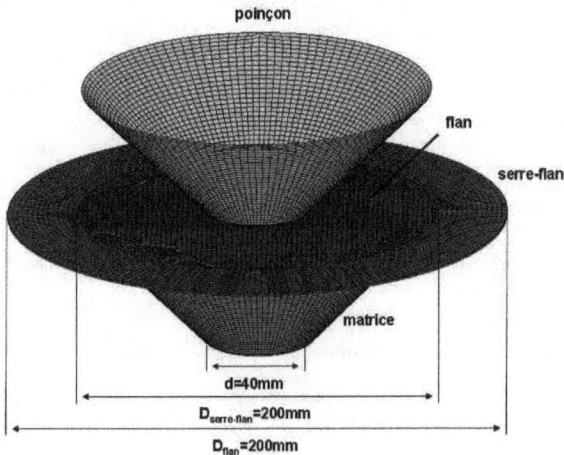

FIG. 3.30 – *Modèle éléments finis pour l'emboutissage d'une pièce tronconique*

Diamètre du flan	200 mm
Profondeur d'emboutissage	50 mm
Rayon du poiçon	5 mm
Rayon supérieur de matrice	2 mm
Rayon inférieur de matrice	5 mm

TAB. 3.6 – Principales données géométriques du modèle EF du procédé d'emboutissage

Afin de comparer les deux procédés, on observe la répartition des épaisseurs sur les deux types de troncs de cônes (voir figure 3.31). D'un point de vue qualitatif, en dehors de la zone de déformation imposée par le déplacement vertical de l'outil, on constate que le tronc de cône mis en forme par formage incrémental présente une répartition d'épaisseur beaucoup plus homogène que le cône embouti. Cette remarque semble évidente compte tenu de la nature des mécanismes de déformation mis en jeu dans les deux procédés. Comme il a été mentionné précédemment, le formage incrémental est principalement caractérisé par un mécanisme de déformation par élongation imposé par l'action de l'outil, ce qui n'est pas le cas en emboutissage. Le cône embouti est formé selon différents mécanismes de déformation en fonction de la profondeur de la pièce emboutie, à savoir, une zone de rétreint localisée au niveau de la grande base, justifiant une compression circonférentielle du flan ainsi qu'un léger épaississement, puis un passage d'un mode de traction plane à un mode d'expension où la surface augmente au détriment de l'épaisseur (conservation du volume).

D'un point de vue quantitatif, si on s'intéresse à une zone située dans le milieu de la paroi du cône, l'emboutissage mène à des résultats nettement supérieurs. En effet, la pièce tronconique subit un amincissement de 10% environ alors que cette valeur atteint les 30% dans le cas du formage incrémental. En revanche, les résultats de la simulation numérique d'emboutissage montrent un amincissement de près de 50% dans le bas du tronc de cône, dans une zone où le phénomène de fissuration est classiquement observé en emboutissage. Cette zone est par ailleurs nettement plus étendue que la zone critique observée en formage incrémental.

Rappelons cependant que le modèle éléments finis du procédé d'emboutissage n'a pas été optimisé (ni validé par des résultats expérimentaux), mais une répartition parfaitement homogène de l'épaisseur est impossible à obtenir avec ce procédé. Il semble donc raisonnable d'exploiter les résultats avec prudence.

3.6.2   Retour sur le phénomène de retour élastique

La précédente analyse du retour élastique a mis en relief un comportement homogène du matériau le long de la partie conique du composant mis en forme par formage incrémental. Comme il a été mentionné, ce comportement peut s'expliquer par le mécanisme de déformation du flan rencontré dans le cas de l'ISF. En effet, à part les effets de flexion localisés près de la grande base du tronc de cône dus à l'absence de contre forme, l'action localisée de l'outil donne lieu, en première approximation, à un mode de déformation unique par élongation dans le cas d'une pièce à géométrie axisymétrique.

Dans le but d'analyser la relation existant entre le mécanisme de déformation du flan et le phénomène de retour élastique, les résultats du paragraphe 3.5.4 on été comparés à ceux obtenus après emboutissage du tronc de cône. L'étude présentée ici s'appuie donc sur la même approche du phénomène de retour élastique que celle décrite précédemment.

Dans le cas du procédé d'emboutissage, un retour élastique positif localisé est caractérisé par l'ouverture des anneaux allant de la grande base jusqu'au centre de la paroi de la partie conique. Ce comportement correspond à une transition d'un mode de déformation par retreint à un mode de déformation par traction plane. Pour le reste des anneaux, allant du centre de la paroi à la petite base du tronc de cône, leur fermeture progressive caractérise un retour élastique négatif. La fermeture des anneaux évolue proportionnellement à la diminution d'épaisseur du flan. On donne en figure 3.32 le résultat de la comparaison du retour élastique des anneaux R, S et T (voir figure 3.24) prélevés d'une part sur le tronc de cône mis en forme par formage incrémental et d'autre part sur le tronc de cône embouti.

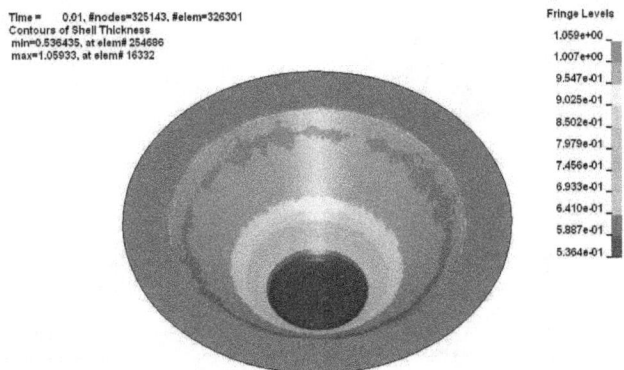

(a) Cône embouti

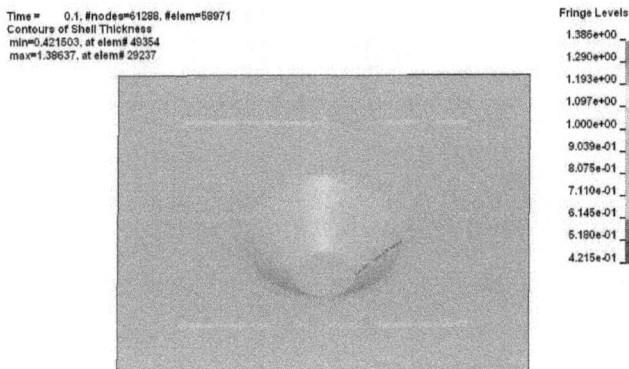

(b) Cône ISF

FIG. 3.31 – *Répartition des épaisseurs sur les cônes formés par emboutissage et formage incrémental*

3.6.3 Remarques récapitulatives

Pour résumer les apports de ce paragraphe, il apparaît correct d'affirmer qu'en première approximation, même si l'emboutissage permet d'obtenir des résultats plus précis au niveau géométrique, le formage incrémental est caractérisé par un comportement homogène du matériau déformé conduisant ainsi à l'obtention d'une pièce où l'amincissement, bien qu'étant moins important dans le cas de l'emboutissage, est répartie de manière homogène réduisant ainsi le risque de fissures classiquement rencontrées en emboutissage. Cette caractéristique du formage incrémen-

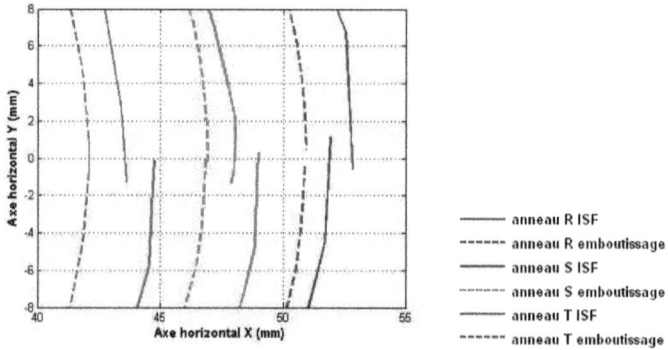

FIG. **3.32** – *Comparaison entre les valeurs numériques du retour élastique d'anneaux obtenues à partir de troncs de cône mis en forme par formage incrémental et par emboutissage*

tal, rencontrée dans le cas de pièces à géométrie axisymétrique, est due à un mode de déformation unique imposé par l'action locale de l'outil à la différence du procédé d'emboutissage où le mécanisme de déformation de la tôle varie avec la profondeur d'emboutissage.

3.7   Conclusions partielles

Ce chapitre a permis d'évaluer suivant plusieurs axes le formage incrémental appliqué à la mise en forme de composants à géométrie axisymétrique. Cette étude a permis de développer une base de connaissances sur la simulation numérique par éléments finis de ce procédé de mise en forme. Après avoir mis en place un modèle numérique standard du procédé, on a pu le soumettre à une première analyse visant à construire une vision d'ensemble des caractéristiques de l'ISF. Tout en mettant les résultats numériques en parallèle avec ceux issus d'investigations expérimentales, cette étude s'est appuyée à la fois sur des considérations d'ordre géométrique, mais aussi sur des considérations d'ordre mécanique mettant ainsi en relief les principaux avantages et inconvénients du formage incrémental. Ces principales caractéristiques du procédé ont par ailleurs été comparées avec celles de l'emboutissage.

Par ailleurs, l'analyse du procédé a été complétée en développant une approche du phénomène de retour élastique grâce à laquelle les observations faites en termes de mécanismes de déformation caractérisant l'ISF ont été confirmées.

Enfin, une approche de l'influence des paramètres du procédé sur les caractéristiques mécaniques du flan après déformation a été développée. Cette première approche avait pour objectif de souligner l'importance du contrôle de chacun des paramètres entrant en jeu dans le formage incrémental. Aujourd'hui, certaines études ont abordé les effets des paramètres du procédé (forme et vitesse d'avance de l'outil, pression exercée par ce dernier au cours du formage) sur les caractéristiques de la pièce produite ((Micari et al., 2007), (Ambrogio et al., 2004), (Duflou et al., 2007), (Cerro et al., 2006)). L'analyse développée dans ce chapitre met en avant la nécessité de développer la connaissance du formage incrémental et de l'ensemble de ses paramètres dans le but de tendre vers une parfaite maîtrise du procédé.

Chapitre 4

Développement et validation d'un système de mesure d'épaisseur in-situ en cours de formage incrémental

Sommaire

4.1 Contexte et objectifs de l'étude

Les aspects traités dans ce chapitre sont principalement associés aux travaux réalisés dans le cadre du projet Sculptor (Projet STREP n°NMP2-CT-2005-014026). Intervenant dans différentes étapes du projet, les notions de mesure, de contrôle et d'optimisation du procédé de formage incrémental sont parties intégrantes de la thématique de recherche de l'équipe de travail regroupée autour du projet Sculptor, mais représentent également un point capital pour l'évolution du procédé.

Ainsi, les premières recherches, focalisées sur la possibilité d'intégrer des matériaux dits « intelligents » ont été menées dans le but de contôler et de maîtriser le procédé. Les objectifs initiaux étaient notamment de maîtriser les contraintes résiduelles, de contrôler l'amincissement du flan ainsi que l'effort de formage.

Différentes tâches ont été définies pour atteindre ces objectifs :

- Définir les capacités en termes d'efforts, de contraintes et de déplacement, et aboutir à un cahier des charges nécessaire au bon choix des différents systèmes de mesures et des matériaux à intégrer au procédé. Dans ce contexte, l'utilisation de matériaux dits « intelligents » nécessite l'établissement d'un cahier des charges rigoureux spécifiant les variables physiques à mesurer, les temps de réponse et la sensibilité associés. Le dimensionnement et le choix des matériaux constitutifs de l'outillage, ainsi que leur géométrie, doivent être aussi proposés pour un fonctionnemenent optimal du procédé (outil de formage, flan, « matrice », serre-flan).

- Rechercher les couples capteurs / actionneurs nécessaires pour le fonctionnement optimal du procédé. Cette recherche se focalisera notamment sur :

  - Des films piézoélectriques se substituant aux jauges de déformation classiques. Les avantages présentés sont associés à une plus grande surface de travail (jusqu'à $200 * 100mm^2$), de faibles coûts (quelques euros le centimètre carré), une bonne sensibilité physique et une réponse rapide. L'utilisation de tels films sur le flan est envisagée, durant le procédé, afin d'effectuer des mesures in-situ.

  - Des fibres piézoélectriques de diamètre 20 μm, pouvant être intégrées dans des résines spécifiques et connectées de manière à jouer le rôle de capteurs de pression ou de force avec une grande précision de mesure. Cette mesure est primordiale pour développer le contrôle optimal du procédé.

  - Des micro-capteurs (pour la mesure de déformations, de pression, de température...). En règle générale, les mesures utilisant des matériaux piézoélectriques en milieu industriel nécessitent une amplification du signal ou encore un système de régulation en température pour un régime de fonctionnement adéquat.

– Des fluides magnéto-rhéologiques employés en tant que lubrifiant « adaptatif ». Ce type de fluide peut être utilisé dans le but de réduire les vibrations provoquées par le procédé ou encore comme actionneurs permettant de contrôler l'effort de formage.

• Caractérisation des matériaux à former dans la gamme de sollicitations associée au procédé, en terme de vitesse et du type de sollicitations (biaxial, cyclique, ...). La caractérisation des matériaux utilisés est une étape nécessaire afin de déterminer avec précision le comportement du flan en cours de procédé.

• Validation des choix effectués.

4.2 Identification des besoins et orientation des travaux

Comme il a été vu pour le formage de formes simples, le formage incrémental repose principalement sur un mécanisme de déformation par élongation. Ce mode de déformation confère au flan les caractéristiques indiquées au chapitre 3. Il en résulte un inconvénient majeur pour le formage incrémental, à savoir un amincissement excessif du flan. Inscrit dans l'objectif d'optimisation du procédé, la mesure d'épaisseur du flan est donc un élément de toute première importance. Cette mesure doit répondre à des exigences en termes de contrôle et de maîtrise du procédé. Il est donc important de pouvoir mesurer l'épaisseur du flan en continu et en cours de procédé.

Par ailleurs, le mode de déformation est très fortement associé aux outils utilisés que ce soit en termes de géométrie, de matériaux ainsi que des efforts appliqués. Il est donc nécessaire de porter une attention particulière à la mesure des efforts axiaux et radiaux supportés par l'outil durant le procédé. Ces efforts sont en effet des éléments importants à maîtriser pour mettre en place un procédé de mise en forme de qualité.

L'identification de ces besoins s'inscrit donc dans la réflexion collective issue des partenaires du projet Sculptor. D'autres besoins ont également été spécifiés et ont été traités par d'autres partenaires.

4.3 Réflexion sur la mesure d'effort en formage incrémental des tôles

Le travail résumé dans cette section est issu d'une collaboration avec la Fraunhofer Institut Silicatforschung (Würsburg - Allemagne) et le centre de recherches EADS de Munich. Comme nous venons de le souligner, la mesure de l'effort exercé par l'outil de formage est une donnée importante d'une part à la connaissance du procédé, et d'autre part au contrôle de celui-ci.

Après avoir établi un bilan des performances de chacune des solutions technologiques proposées, il est apparu que seuls les capteurs à courants de Foucault et les capteurs capacitifs étaient susceptibles de répondre aux besoins du projet Sculptor, à savoir la mesure d'un effort radial de 300 N avec une précision de 10 N. Le tableau 4.1 résume les différentes solutions étudiées ainsi que les critères de choix retenus.

	Intégration à l'outil	Réponse aux besoins	Précison/ Linéarité	Prix	Classement provisoire
Cellule piézoélectrique	0	–	0	-	5
Jauge de déformation	0	-	++	0	3
Capteur à fibre optique	+	+	++	–	2
Capteur LVDT	-	+	+	++	1
Capteur à courants de Foucault	+	+	0	+	1
Capteur capacitif	+	0	+	0	2
Capteur optique à triangulation laser	-	0	++	–	4

TAB. 4.1 – Classement des solutions technologiques étudiées pour la mesure des forces radiales (axes de déplacement perpendiculaires à la broche de la machine outil) s'exerçant sur l'outil de formage

Le classement final a été établi en accordant un poids plus important au critère « Intégration à l'outil » représentant la facilité d'intégration du capteur dans l'outil de formage. Il résulte de cette étude préliminaire que seuls les capteurs à courants de Foucault (ou les capteurs capacitifs) sont susceptibles de répondre aux besoins du projet.

En ce qui concerne la mesure de l'effort axial (axe de broche de la machine-outil), le choix s'est porté sur un capteur spécifique conçu par l'Institut Fraunhofer-Institut für Schicht-und Oberflächentecnik IST (Institut des Technologies de Surface) jumelé à l'ISC. Il s'agit d'un anneau constitué d'une électrode entourée par deux films piézoélectriques d'épaisseur comprise entre 1 et 4 μm (dénomination commerciale DiaForce®).

La figure 4.1 présente l'intégration du capteur DiaForce® au prototype d'outil de formage Sculptor, ainsi que celle des capteurs à courants de Foucault.

Un ensemble de tests de validation des choix effectués a été réalisé dans les laboratoires EADS. Les résultats ne seront pas exposés dans ce rapport mais ont été concluants quant au bon fonctionnement des capteurs utilisés.

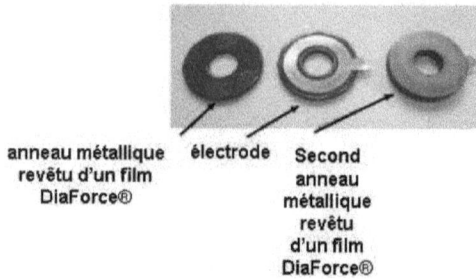

(a) Capteur DiaForce® utilisé pour la mesure de l'effort axial

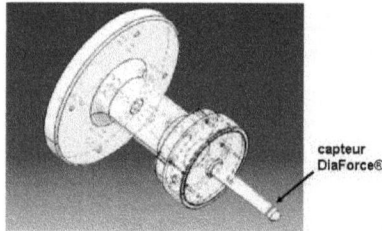

(b) Intégration du capteur DiaForce®

(c) Intégration des capteurs à courants de Foucault

FIG. 4.1 – *Intégration des capteurs permettant la mesure des efforts axiaux et radiaux en cours de procédé*

4.4 Réflexion sur la mesure d'épaisseur

Au cours des chapitres précédents, le défaut majeur du formage incrémental a été présenté, à savoir un amincissement du flan. Le contrôle et la maîtrise de l'épaisseur en cours de procédé représentent donc un élément important pour l'optimisation du procédé.

De nombreuses solutions technologiques sont disponibles dans le commerce et fournissent une mesure fiable et précise de l'épaisseur d'un produit fini. Bien que cette donnée soit nécessaire dans le cadre du formage incrémental afin d'en accroître la connaissance, le contrôle de l'amincissement ne peut se faire que par une mesure directe et continue en cours de procédé. La connaissance précise de l'épaisseur du flan à un instant donné permet ainsi de garantir la production d'un composant sain (amincissements limités et absence de déchirures de la tôle) et de pouvoir agir sur les paramètres du procédé pour réguler l'épaisseur du flan.

Le contrôle de l'épaisseur reste cependant un point délicat à mettre en oeuvre mais la conception et la réalisation d'un outillage capable d'effectuer cette mesure en continu représente non seulement une avancée importante dans l'optimisation du formage incrémental, mais aussi pour l'ensemble des procédés de formage des structures minces.

4.4.1 Définition des besoins et justification de la technologie retenue

La conception d'un outil de formage capable d'assurer simultanément la déformation du flan et la mesure de l'épaisseur de celui-ci en cours de procédé nécessite de définir un cahier des charges spécifique, dont les lignes directives sont indiquées ci-après. La mesure, associée à une problématique de contrôle de procédé, doit présenter les caractéristiques suivantes :

– Etre non-destructive,

– Donner lieu à un temps de réponse rapide,

– Etre précise et fiable.

Le système de mesure doit quant à lui :

– Ne pas réduire la flexibité du procédé,

– Etre peu encombrant,

– Etre adaptable sur la totalité des machines à commande numérique,

– Permettre la mesure en temps réel.

Après une première sélection des différentes solutions technologiques disponibles et implémentables, les solutions suivantes ont été retenues :

– Transducteurs à ultrasons,

– Capteurs capacitifs,

– Systèmes optiques par triangulation laser,

– Systèmes optiques utilisant des caméras CCD.

Le tableau 4.2 résume les critères de sélection ainsi que la détermination du choix de la solution
technologique retenue.

	Transducteur ultrasons	Capteur capacitif	Triangulation laser	Caméra CCD
Mesure non destructive	++	++	++	++
Temps de réponse	++	0	0	–
Précision	+	+	++	++
Encombrement	++	+	+	–
Intégrité du procédé	+	-	-	0
Mesure en temps réel	++	++	++	–
Classement	1	3	2	4

TAB. 4.2 – Classement des solutions technologiques étudiées pour la mesure d'épaisseur du flan en cours
de procédé

Remarque : Le critère intitulé « intégrité du procédé » permet de quantifier le respect de la flexibilité du procédé ainsi que l'adaptabilité sur une machine à commande numérique.

Selon ces critères de sélection, le transducteur à ultrasons a été retenu. Dans la suite, on présente
brièvement le principe de mesure d'épaisseur par ultrasons.

4.4.2   Utilisation des ultrasons pour la mesure d'épaisseur

Les sons générés à une fréquence supérieure au seuil d'audibilité de l'oreille humaine sont qualifiés
d'ultrasons. Cependant, la gamme de fréquence généralement utilisées dans la mesure d'épaisseur
ou le contrôle non destructif s'étend de 100 KHz à 50 MHz. Les ondes ultrasonores, caractérisées
par une faible longueur d'onde, ne peuvent se propager dans le vide et nécessitent donc un milieu
élastique, liquide ou solide, pour se propager. Si on utilise seulement de l'air entre le capteur et
la pièce à mesurer, on ne peut que déterminer la position de sa surface. L'analyse du matériau et
donc de son épaisseur n'est pas possible car les pertes d'énergie aux interfaces sont beaucoup trop
importantes.

Grâce à leurs caractéristiques physiques, les ondes ultrasonores sont particulièrement utilisées pour
la détection des défauts de structure et pour la mesure d'épaisseur. Cette dernière est effectuée
en calculant le temps de vol de l'onde acoustique, c'est-à-dire le temps nécessaire à l'onde pour
traverser l'échantillon. Connaissant la vitesse de propagation de l'onde dans le matériau considéré,

l'épaisseur peut donc être déterminée par la relation suivante :

$$e = c.\frac{t_s}{2} \tag{4.1}$$

où e, c et t_s représentent respectivement l'épaisseur de l'échantillon, la vitesse de propagation de l'onde dans le milieu et le temps de vol.

4.4.3 Physiques et technologies des transducteurs à ultrasons

Un transducteur est un système convertissant une énergie d'un état à un autre. Le transducteur à ultrasons convertit une énergie électrique en une énergie mécanique et réciproquement grâce à un élément actif (matériau piézoélectrique en général) (voir figure 4.2). Le transducteur est constitué d'une pastille piézoélectrique sur laquelle sont placées deux électrodes : une variation de tension est appliquée afin de créer un champ électrique. Celui-ci a pour effet de faire vibrer la pièce (c'est l'effet piézoélectrique inverse). Lorsque l'onde parcours le chemin inverse (par réflexion dans le milieu), une déformation est alors appliquée sur le capteur piézoélectrique ayant pour effet de produire un champ électrique à la sortie du transducteur (c'est l'effet piézoélectrique direct). La mesure de cette variation de tension permet ainsi de quantifier le temps de parcours et par suite la distance parcourue par l'onde.

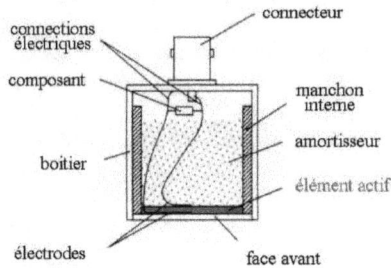

FIG. 4.2 – *Schématisation des pricipaux éléments constituants un transducteur à ultrasons*

Un transducteur est notamment caractérisé par :

• Des caractéristiques acoustiques :

   – Fréquence nominale,

– Diamètre de l'élément piézoélectrique,

– Amortissement,

– Impédance acoustique de la face avant.

- Des caractéristques géométriques :

– Géométrie du boîtier,

– Position et type de connecteur.

Il existe différentes gammes de transducteurs :

– Droit : permettant un contrôle direct par contact. Il est caractérisé par un bon amortissement (donc une bonne réception) et une bonne précision de mesure du temps de vol,

– A ligne de retard : permettant une mesure d'épaisseur de précision en réduisant la zone morte au minimum. Ces transducteurs sont caractérisés par un bon couplage sur matériaux plastiques et composites, un fonctionnement à haute température possible, mais la zone sondée est de faible dimension (limitations pour la mesure des fortes épaisseurs),

– Par immersion dans un liquide : permettant une mesure d'épaisseur de précision à distance. Cette méthode reste plus délicate à mettre en oeuvre et nécessite une alimentation en fluide,

– A émission / réception séparées. Ces derniers ne sont pas adaptés à la mesure des faibles épaisseurs,

– A angle par contact. Ces derniers ne sont pas utilisés en mesure d'épaisseur.

Les transducteurs par immersion offrent certains avantages en comparaison avec des capteurs par contact direct. En premier lieu, on peut citer la possibilité de focaliser le faisceau d'ondes ultrasonores. D'autre part, il permet de s'affranchir d'une forte sensibilité de la mesure à l'homogénéité du produit couplant lors de mesures par contact direct.

4.4.4 Problématique associée à la conception d'un outil de formage intégrant la mesure d'épaisseur

La démarche de conception d'un tel outillage s'inscrivant dans le cadre d'un contrôle du procédé en temps réel doit être définie avec soin. Il est nécessaire de connaître l'épaisseur d'une zone du flan située directement sous la tête de l'outil. Cette mesure rend possible la détection d'une valeur d'épaisseur critique à ne pas dépasser dans le cas d'un contrôle actif du procédé, pour ainsi pouvoir agir sur l'effort de formage ou sur la trajectoire de l'outil afin de garantir l'intégrité de la pièce. La difficulté de l'implémentation est alors d'intégrer le système de mesure à l'outil afin de réaliser la mesure souhaitée. Une solution pratique consiste à coupler le transducteur à ultrasons à un guide d'onde. Celui-ci serait alors directement réalisé dans l'outil. Le cadre d'utilisation classique des transducteurs à ultrasons, par contact ou par immersion, est donc ici dépassé.

4.4.5 Validation du transducteur à ultrasons par contact direct

La première campagne d'essais a été menée avec un transducteur à ultrasons par contact direct à élément double fourni par la société LABOMAT (voir la présentation du transducteur au chapitre 3 section 3.3.2).

Afin de tester la faisabilité d'une mesure d'épaisseur pour un échantillon donné, un guide d'onde de forme cylindrique a été réalisé dans une barre en acier doux (même matériau que celui utilisé lors des essais de formage incrémental). Le schéma de la figure 4.3 présente le principe de la mesure. Le transducteur est positionné dans le cylindre présentant une cavité pouvant contenir un fluide couplant. La distance séparant la partie active du capteur de la tôle est fixe. Le guide d'onde est en contact direct avec la tôle.

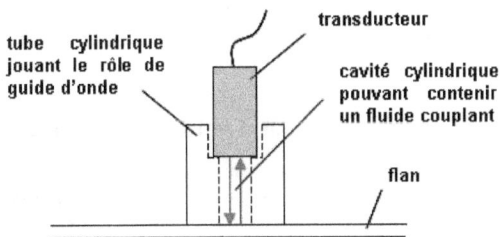

FIG. 4.3 – *Principe de mesure d'épaisseur à l'aide d'un guide d'onde*

Les premiers tests effectués, sans produit couplant à l'intérieur de la cavité, sur un échantillon d'alliage d'aluminium 1050 de 1 mm d'épaisseur, n'ont abouti à aucun résultat. La mesure ne peut se faire qu'en présence d'un produit couplant entre la tôle et le capteur.

La mesure avec couplant a donc été réalisée. Une mesure est bien enregistrée mais sa valeur ne correspond pas à l'épaisseur du flan, mais à la distance séparant la partie active du transducteur de la tôle. Cette observation a été validée par l'utilisation de guide d'onde de hauteur différente. Ce phénomène s'explique aisément au regard de la technologie mise en oeuvre par le transducteur, celui-ci fonctionnant en « simple écho ». Dans ce cas, le transducteur capte uniquement la première réflexion de l'onde lorsque celle-ci rencontre l'interface produit couplant / échantillon testé. Le second écho, correspondant à la réflexion de l'onde au niveau de l'interface échantillon / air (ou support), n'est pas analysé par le système de mesure. Le schéma de la figure 4.4 illustre ce principe de manière simplifiée.

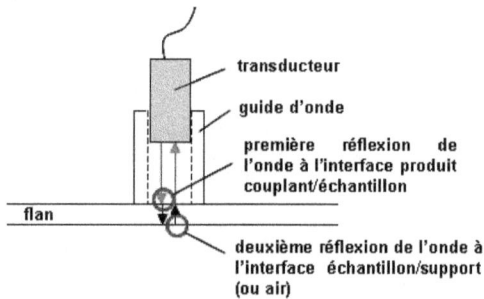

FIG. 4.4 – *Mise en évidence des principaux échos de l'onde ultrasonore pendant une mesure d'épaisseur*

Dans le but d'investiguer et de valider la mesure d'épaisseur en cours de procédé, l'utilisation d'un transducteur à ultrasons par contact direct a été testée. Il a été vu au chapitre 3 que cette technologie était adaptée à la mesure d'épaisseur point par point. Néanmoins, ce type de capteur ne peut pas être envisagé dans le cadre de la conception d'un outil de formage capable de mesurer l'épaisseur en ligne.

4.4.6 Validation du transducteur à ultrasons par immersion

Comme nous venons de le voir, l'utilisation d'un transducteur par contact direct jumelé à un guide d'onde ne permet pas la mesure de l'épaisseur de l'échantillon considéré. La technologie par immersion est alors envisagée.

La mesure par immersion permet de travailler dans un milieu de propagation continu et autorise une mesure en ligne. En revanche, des contraintes de conception s'ajoutent au problème initial car la mesure ne peut se faire qu'en présence permanente de fluide entre la partie active du transducteur et la structure à mesurer. Afin de faciliter la conception de l'outillage, le lubrifiant utilisé pour le procédé sera testé comme milieu de propagation.

Présentation du matériel utilisé et du mode de mesure

Un transducteur par immersion V316-SM distribué par la société SOFRANEL (groupe PANA-METRICS) a été retenu pour mener la campagne d'essai. Ce transducteur délivre une fréquence de 20 MHz. Les principales caractéristiques du capteur sont résumées dans le tableau 4.3. Ce choix a été motivé par les critères suivants :

– Un transducteur délivrant une haute fréquence pour mesurer les faibles épaisseurs et améliorer la précision de la mesure,

– Un élément actif de petit diamètre pour une meilleure reproductibilité et une meilleure stabilité,

– Un encombrement minimal.

Distributeur	Sofranel - Groupe Panametrics
Type de transducteur	Videoscan V316-SM à ligne de retard
Technologie	Immersion
Fréquence (MHz)	20
Diamètre de l'élément actif (mm)	3
Diamètre du boitier extérieur (mm)	9.65
Longueur du boitier extérieur (mm)	31.7

TAB. 4.3 – Principales caractéristiques du transducteur à ultrasons par immersion utilisé pour les mesures

Le transducteur est relié à un appareil de mesures 25 DL PLUS distribué par la même société. L'appareillage complet est illustré sur la figure 4.5.

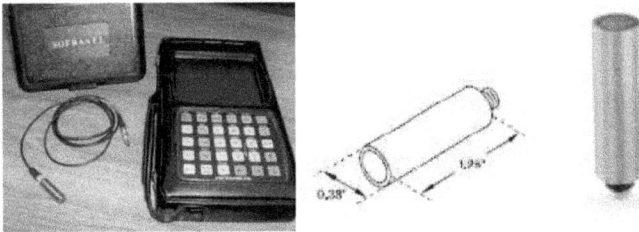

FIG. 4.5 – *Appareillage de mesure par ultrasons*

Le transducteur à ultrasons considéré peut fonctionner suivant trois modes de mesures différents. Le premier mode mesure l'épaisseur entre l'émission du signal et le premier écho de fond. Il n'est utilisé qu'en cas de mesures avec des capteurs par contact. Le second mode mesure le temps de propagation entre l'écho d'interface (première réflexion sur l'échantillon à mesurer) et le premier écho de fond (voir figure 4.6). Le dernier mode construit sa mesure entre deux échos de fond successifs (voir figure 4.7). Ce mode de fonctionnement autorise une précision de mesure de 0.01 mm. Les mesures effectuées par la suite ont été effectuées en mode 3.

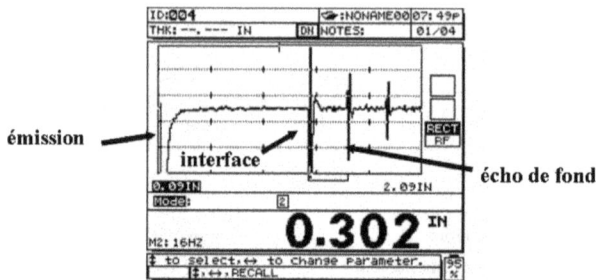

FIG. 4.6 – *Mesures d'épaisseur dans le cas du second mode*

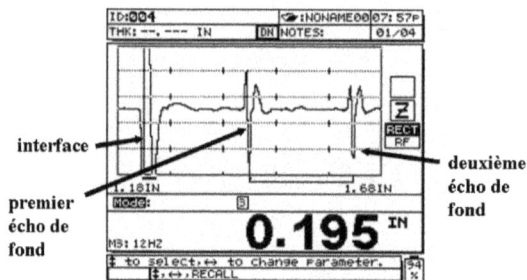

FIG. 4.7 – *Mesures d'épaisseur dans le cas du troisième mode*

Description des tests de validation et résultats

Dans le cadre de la validation de mesure d'épaisseur d'une tôle à l'aide d'un transducteur à ultrasons associé à un guide d'onde, une première série de mesures statiques a été effectuée. Un guide d'onde de forme cylindrique a été réalisé à cet effet (voir les dimensions sur la figure 4.8). Le diamètre du guide d'onde a été déterminé en fonction de celui de l'élément actif du transducteur. L'échantillon en alliage d'aluminium 1050, d'épaisseur connue 1 mm, a été immergé dans une cuve à eau. La figure 4.9 illustre la méthodologie de la mesure.

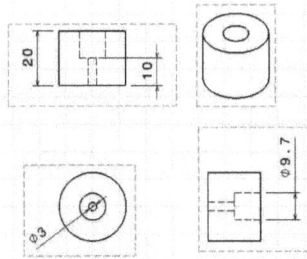

FIG. 4.8 – *Dimensions du guide d'ondes cylindrique utilisé dans la campagne de validation de la mesure d'épaisseur*

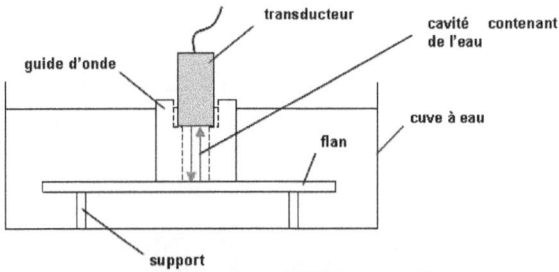

FIG. 4.9 – *Schéma de principe et illustration des tests de validation de mesures d'épaisseurs*

La mesure a été effectuée en statique en différents points de l'échantillon définis le long d'un profil linéaire, comme indiqué sur la figure 4.10. Les résultats des trois séries de mesures sont reportés sur la figure 4.11. Ces derniers sont concluants quant au bon fonctionnement du transducteur à ultrasons par immersion couplé à un guide d'onde. En effet, une épaisseur moyenne de 0.999 mm a été mesurée (*remarque : la précison de la mesure étant définie à 0.01 mm, il serait plus judicieux d'annoncer une valeur moyenne d'épaisseur de 1.00 mm*). Les résultats observés permettent donc

115

de valider le principe de mesure testé.

L'épaisseur constante de 1 mm le long de l'échantillon ayant été contrôlée au préalable à l'aide
d'un autre système de mesure (micromètre extérieur), l'écart relevé en certains points de mesures
peut s'expliquer par la sensibilité de la mesure due au positionnement du transducteur dans le
guide d'onde. Il a en effet été observé qu'une perturbation due au mouvement du câble Microdot
reliant le capteur au mesureur ou encore un mauvais ajustement du transducteur à l'intérieur du
guide d'onde, provoquait une erreur de mesure. Cette observation est donc à prendre en compte
dans la conception de l'outillage.

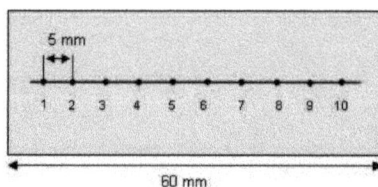

FIG. 4.10 – *Définition des points de mesures utilisés dans le test de validation de mesure d'épaisseur*

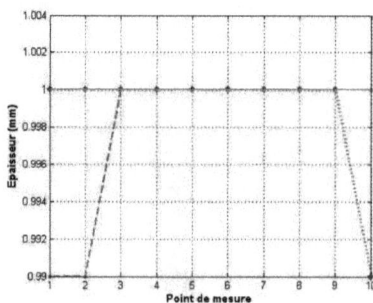

FIG. 4.11 – *Résultats du test de validation*

Campagne d'essais de mesure d'épaisseur par ultrasons

Rappelons que l'objectif décrit dans dans cette partie du mémoire est d'étudier la conception et
la réalisation d'un outil de formage permettant la mesure d'épaisseur du flan au cours du procédé.
A cet effet, l'utilisation d'un transducteur à ultrasons couplé à un guide d'onde a été validée par
des mesures statiques. La mesure effectuée précédemment reste cependant éloignée des conditions

réelles du procédé, c'est pourquoi une campagne d'essais a été réalisée. Le but de ces essais est de vérifier la faisabilité de la mesure dans un environnement proche de celui rencontré en formage incrémental. Au cours de cette campagne, les mesures suivantes seront testées : une mesure en présence d'une couche mince de liquide sur le flan, une mesure au cours de laquelle l'échantillon est sollicité par vibrations. Des mesures avec différents liquides jouant le rôle de milieu de propagation de l'onde ultrasonore seront elles aussi investiguées.

- **Première séries de mesures**

La première série de mesures est réalisée avec un film mince de liquide (de l'ordre du millimètre) réparti sur le flan afin de se rapprocher des conditions de lubrification rencontrées lors des essais de formage, l'immersion totale du flan dans un liquide n'étant pas envisagée (voir figure 4.12).

FIG. 4.12 – *Environnement de la première série de mesures d'épaisseur*

Les mesures ont été menées selon le même principe que celui décrit au paragraphe précédent. Les résultats exposés sur la figure 4.13 valident la mesure et l'utilisation d'un simple film de produit couplant (lubrifiant) entre la tôle et le guide d'onde. En revanche, afin de garantir une bonne mesure, la présence de fluide entre la partie active du transducteur et le flan à mesurer doit être maintenue en permanence.

- **Deuxième séries de mesures**

Le contrôle d'épaisseur par ultrasons dépend du milieu de propagation dans lequel le système est mis en oeuvre et particulièrement de son environnement. Il est à noter que la stabilité de la mesure est fonction de « l'agitation du milieu de propagation ». Cela signifie que la présence éventuelle de perturbations, comme une agitation du liquide, peut altérer la valeur de la mesure. Or les vibrations du flan mis en forme par formage incrémental, bien que limitées, sont inévitabes. Par exemple, lors du déplacement vertical de l'outil, des perturbations se propagent le long de la tôle. L'outil de formage étudié doit donc fonctionner en présence de telles perturbations.

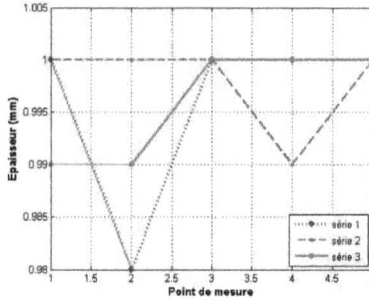

FIG. 4.13 – *Résultats des mesures d'épaisseur en présence d'un film fin de liquide*

– Premier test de mesure en milieu « vibratoire » - Test 1

Dans un premier temps, une perturbation est provoquée par l'action d'un maillet sur une
tôle fixée sur l'équipement expérimental développé (voir le schéma de principe de la mesure
figure 4.14). La mesure d'épaisseur est réalisée à l'aide du même guide d'onde que celui utilisé
précédemment. Tout en s'assurant de la présence de fluide à l'intérieur du guide d'onde, une
quantité minimale de liquide a été répandue sur la tôle.

Dix mesures consécutives ont été effectuées ; les résultats exposés en figure 4.14 ont été relevés
une seconde après l'excitation de la tôle.

La valeur moyenne calculée de l'épaisseur est de 0.994 mm (soit 0.99 mm compte-tenu de la
précision de la mesure). Les observations faites au cours de la mesure ont mis en évidence la
stabilité de celle-ci, malgré la propagation de la perturbation. Il semble donc que la présence
du guide d'onde permettrait « d'isoler » la mesure de l'environnement perturbateur. Afin de
valider cette observation, un second test a été réalisé.

– Second test de mesure en milieu « perturbé » - Test 2

Le second test (voir figure 4.15) consiste à poser la tôle sur un pot vibrant et à observer la
stabilité de la mesure. La durée de mesure est de 20 secondes. La hauteur d'eau déposée sur
la tôle pour effectuer la mesure est de 10 mm.

Pour des vibrations de faibles fréquences, un léger bruit vient parasiter l'oscillogramme sans
avoir d'influence néfaste sur la valeur de la mesure. La variation relative calculée entre la
valeur moyenne mesurée et la valeur théorique de l'épaisseur de l'échantillon n'excède pas

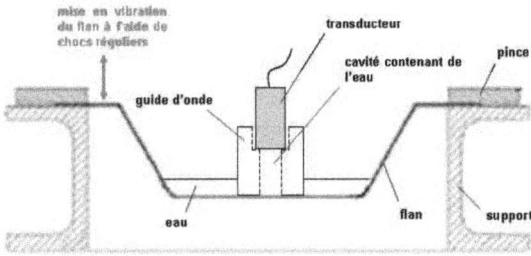

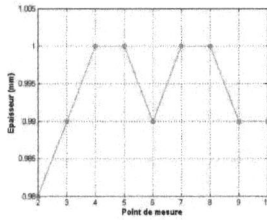

FIG. 4.14 – *Schéma de principe et résultats des mesures d'épaisseur en milieu perturbé – Test 1*

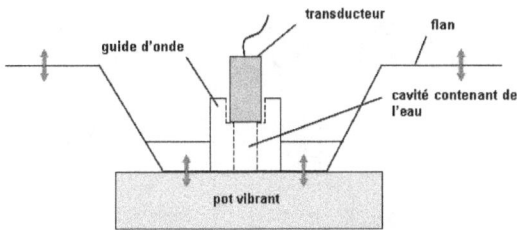

FIG. 4.15 – *Schéma de principe et exemple de mesure d'épaisseurs en milieu vibratoire – Test 2*

2%. Pour des fréquences plus élevées, cette variation relative atteint 5%. Dans chaque cas, la mesure devient stable après 5 secondes.

L'ensemble des tests effectués permettent donc d'affirmer que l'utilisation du guide d'onde permet d'isoler la propagation des ondes ultrasonores, garantissant ainsi la stabilité de la mesure.

- **Troisième séries de mesures**

L'ensemble des mesures décrites précédemment ont été effectuées en utilisant de l'eau comme milieu de propagation. Une des contraintes de conception de l'outillage est d'être utilisable au cours du procédé sans altérer la flexibilité de ce dernier. L'ajout d'un liquide différent du lubrifiant employé viendrait donc réduire les avantages du formage incrémental voire même perturber le bon fonctionnement du procédé en modifiant les conditions de frottement entre le flan et la tête de l'outil et ainsi modifier les caractéristiques tribologiques de la pièce. L'utilisation du lubrifiant employé comme milieu de propagation constitue donc un avantage certain. Le tableau 4.4 résume les différents lubrifiants testés en tant que milieu de propagation et présente les observations issues de ces tests. Les lubrifiants utilisés sont composés d'un mélange d'huile de coupe standard et d'eau dans des proportions différentes.

Lubrifiant testé		Observations
Proportion d'huile (%)	**Proportion d'eau (%)**	
100	0	Pas de mesure
80	20	Pas de mesure
50	50	Mesure variable
30	70	Mesure valide
0	100	Mesure valide

TAB. 4.4 – Résultats des tests d'utilisation de différents lubrifiants comme milieu de propagation

Les observations faites durant ces essais ont permis d'émettre l'hypothèse suivante : l'utilisation d'un lubrifiant comme milieu de propagation dépend de sa viscosité. Cette hypothèse sera à prendre en compte dans le choix du lubrifiant.

- **Réflexion sur l'intégration du transducteur dans l'outil de formage**

Les tests décrits dans les paragraphes précédents ont permis de valider la mesure d'épaisseur à l'aide d'un transducteur à ultrasons par immersion couplé à un guide d'onde. Certaines caractéristiques de l'environnement du procédé ont été testées comme la présence possible de perturbations ou encore le fonctionnement de la mesure avec une quantitié minimale de liquide couplant. Lors de ces essais, un guide d'onde cylindrique de diamètre 3 mm a été utilisé. Cette forme cylindrique peut cependant ne pas être optimale pour l'intégration du système de mesure à l'outil, c'est pourquoi trois guides d'onde de formes différentes ont été testés sur un échantillon d'alliage d'aluminium 1050 de 1 mm d'épaisseur et sur une plaque brut d'aluminium d'épaisseur 3.95 mm (valeur mesurée en un point défini de la plaque à l'aide d'un micromètre extérieur). On donne figure 4.16 une représentation schématique des formes des guides d'onde testés, l'un de forme tronconique-cylindrique, les deux autres de type tronconique (conicité différente) .

FIG. **4.16** – *Formes des guides d'ondes testés*

Les résultats des mesures reportés figure 4.17 sont comparés avec les mesures d'épaisseur réalisées avec le guide d'ondes de forme cylindrique. Les valeurs annoncées correspondent à des valeurs moyennes d'épaisseur calculées à partir d'une série de 10 mesures. L'écart relatif entre la valeur moyenne calculée et la valeur théorique atteint un maximum de 2.5% pour la plaque d'aluminium la plus épaisse et 1.5% pour l'alliage d'aluminium.

Un exemple de mesure est reporté figure 4.18.

Ces tests simples démontrent ainsi qu'une forme tronconique ou tronconique-cylindrique peut être envisagée dans la conception de l'outillage.

Remarque : une observation récurrente a été faite concernant la nécessité d'un ajustement parfait du capteur dans le guide d'onde. En effet, la mesure devient instable lors du mouvement du transducteur.

- **Remarques et observations**

Plusieurs remarques nécessitent d'être notées avant de continuer l'étude sur l'utilisation d'un transducteur à ultrasons en formage incrémental. L'ensemble des tests décrits dans cette section ont été réalisés en statique. Même si un simple essai a été effectué en déplaçant « à la main » le guide d'onde le long de l'échantillon, il est nécessaire de tester la faisabilité de la mesure dans les conditions réelles du procédé. Pour le moment, nous pouvons simplement affirmer que les essais menés précédemment sont prometteurs.

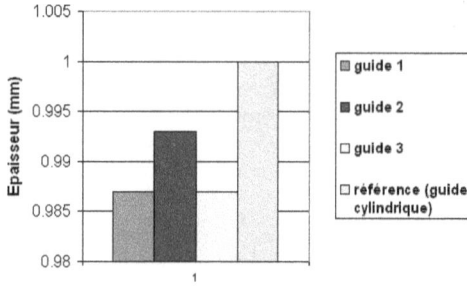

(a) échantillon A-1050 d'épaisseur 1 mm

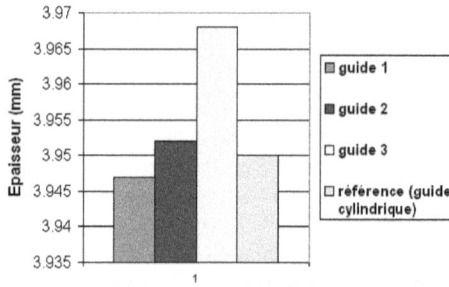

(b) échantillon brut d'aluminium d'épaisseur 3.95 mm

FIG. 4.17 – *Résultats des mesures d'épaisseur mettant en oeuvre les différents guides d'ondes testés*

FIG. 4.18 – *Exemple de mesure*

Par ailleurs, la nécessité de garder l'élément actif du transducteur othogonal à la tôle limite l'utilisation de cet équipement à la seule mesure de l'épaisseur d'une zone localisée directement sous la tête de l'outil.

La figure 4.19 montre un exemple d'une autre mesure effectuée avec un guide d'onde de forme cylindrique positionné sur une paroi d'une pièce mise en forme par formage incrémental. La mesure semble cohérente et prometteuse.

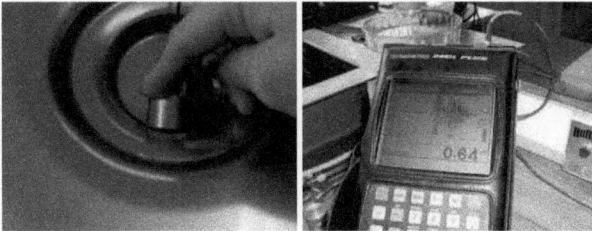

FIG. 4.19 – *Autre exemple de mesure d'épaisseur effectuée sur une section de pièce mise en forme par formage incrémental*

4.5 Développement d'un prototype d'outillage intégrant la mesure d'épaisseur

Après avoir validé la mesure d'épaisseur du flan par le biais d'un transducteur à ultrasons associé à un guide d'onde, l'étude est portée sur la conception de l'outil de formage. Cette étude soulève les principales problématiques suivantes :

– Comment intégrer le transducteur à l'outil ?

– A quelle distance de la tôle la partie active du transducteur peut-elle être placée ?

– L'outil étant en rotation au cours du procédé, comment régler le problème de connection du transducteur à l'appareil de mesure ?

Le premier point a déjà été abordé dans les paragraphes précédents. Il a été constaté qu'un guide d'onde en forme tronconique permet une bonne mesure de l'épaisseur considérée. Cette forme peut alors être usinée à l'intérieur de l'outil. Le positionnement du capteur à l'intérieur de l'outil soulève des contraintes propres à la démarche de conception.

La deuxième problématique est plus délicate. Selon le fournisseur, le transducteur utilisé peut être placé à une distance maximale de 110 mm de l'objet à mesurer. Il s'agit donc d'un point positif mais cette dernière remarque reste à vérifier.

Le dernier point peut trouver une solution dans la conception d'un outil permettant une rotation libre de la partie utile sous contraintes (conception d'un outil « fou »). Cela permettrait de ne pas mettre en rotation la broche de la machine et préserver ainsi l'intégrité des roulements.

Remarque : On définit la partie utile de l'outil par la surface de celui-ci venant déformer le matériau, à savoir dans le cas d'un outil hémisphérique, la partie sphérique de celui-ci, complétée par la partie cylindrique.

Le premier prototype, présenté par la suite, ne prend pas en compte la rotation libre de la partie utile. Cette partie de l'outil a été réalisée en acier (S355 (E36)), le reste en alliage d'aluminium (AU4G).

Le prototype proposé est constitué de quatre composants : une partie utile, un boîtier permettant l'arrivée du couplant (lubrifiant), une pièce permettant le positionnement et le blocage du capteur et une pièce permettant le montage dans le porte-outil (voir figure 4.20).

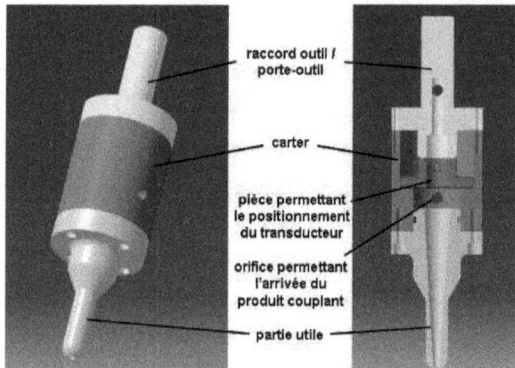

FIG. 4.20 – *Vue d'ensemble de l'outillage*

4.5.1 Etude de l'intégration du transducteur

L'intégration dans l'outil de formage du capteur à ultrasons fait apparaître d'importantes contraintes d'encombrement. La partie utile de l'outil doit en effet permettre la mise en forme de composants à géométries diverses. L'outil ne doit donc pas interférer avec le composant pendant le procédé.

Prenant en compte ces considérations, la longueur de la partie cylindrique de l'outil a été fixée à 25 mm pour un diamètre de 10 mm. Le diamètre de la tête d'outil étant de 10 mm, la longueur totale de la partie utile est de 30 mm.

A l'intéreur de ce composant, un trou avec dépouille (cône) est réalisé par électro-érosion à fil fin permettant la lubrification de la zone à mesurer ainsi que la présence de fluide entre la partie active du capteur et la tôle. La grande base a un diamètre de 12 mm, celui de la petite base est de 3 mm.

Le plan de la partie utile de formage équipée du guide d'onde tronconique est présenté sur la figure 4.21.

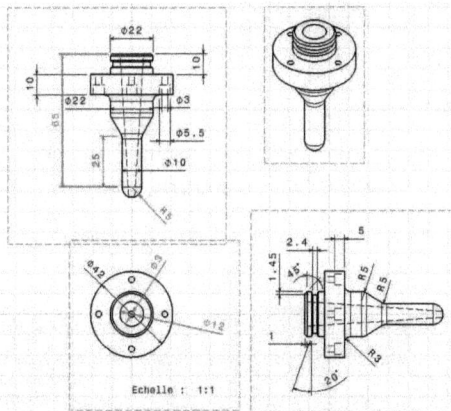

FIG. 4.21 – *Plan de la partie utile de l'outil*

Dans cette configuration, la distance séparant le flan de la partie active du transducteur est de 60 mm. Il s'agit d'une valeur minimale garantissant la rigidité de la partie utile de l'outil. En effet, l'usinage du guide d'onde à l'intérieur de la partie cylindrique de diamètre 10 mm fait apparaître une zone critique susceptible d'être fragilisée mécaniquement en fonction des sollicitations subies par l'outil (voir figure 4.22).

Une analyse de pré-dimensionnement réalisée à l'aide du module de simulation ELFI (éléments finis) du logiciel CATIA V5 a été effectuée. Cette analyse statique a permis de vérifier le critère de résistance au sens de Von-Mises pour un cas de charge de 1000 N (selon l'axe de la broche), combinée à des efforts radiaux de 300 N. Les valeurs des sollicitations mécaniques ont été estimées selon les besoins définis par l'ensemble des partenaires du projet Sculptor. Pour cette analyse, la partie utile de l'outil est considérée comme encastrée au niveau des trous de vis utilisées pour le maintien en position de l'outil sur le boîtier. Les résultats montrent un déplacement maximal de

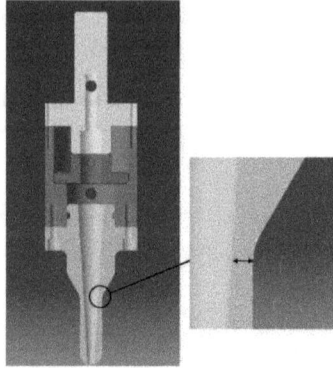

FIG. **4.22** – *Zoom sur la zone critique de la partie utile de l'outil*

la tête d'outil de 0.06 mm et une concentration de contraintes au niveau de la zone critique de 138 MPa (voir figure 4.23). Cette contrainte étant inférieure à la valeur de la limite élastique de l'acier utilisé (355 MPa pour un acier S355 (E36)), le dimensionnement de la partie utile de l'outil peut être considéré comme validé.

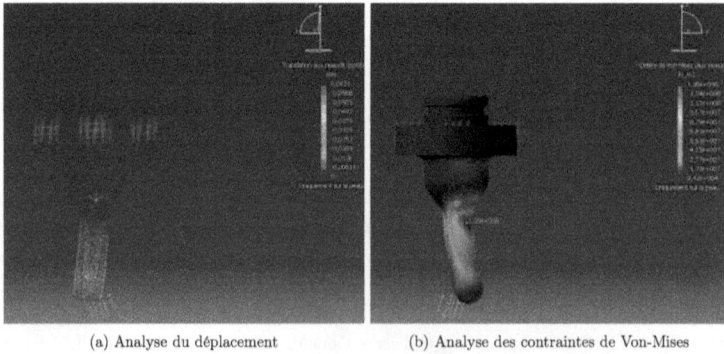

(a) Analyse du déplacement   (b) Analyse des contraintes de Von-Mises

FIG. **4.23** – *Résultats de l'analyse statique destinée à la validation du pré-dimensionnement de la partie utile de l'outil*

Remarque : l'analyse effectuée précédemment constitue une première approche d'autant plus qu'il s'agit d'une analyse statique. Il serait nécessaire de prendre en compte l'aspect cyclique de l'application des efforts de formage.

4.5.2   Validation de la hauteur du guide d'onde

Comme il a été mentionné précédemment, le fournisseur du transducteur assure que le capteur peut fonctionner à une distance maximale de 110 mm de la pièce à mesurer. La conception de l'outillage prévoit une distance de 60 mm entre la partie active du transducteur et la tôle. Afin de vérifier la pertinence de cette distance, une série de mesures a été réalisée, faisant intervenir des guides d'onde de hauteurs différentes.

- Premières séries de mesures

    Les premières séries de mesures ont été menées avec des guides d'onde de hauteur 10 mm, 20 mm et 30 mm, sur une plaque d'alliage d'aluminium de série 1050 de 1 mm d'épaisseur. Les séries comprennent 10 points de mesures répartis aléatoirement sur les échantillons. Les résultats sont exposés sur la figure 4.24. Les écarts d'épaisseurs entre la valeur théorique et les valeurs mesurées s'étendent de +0.01 mm à −0.02 mm. La précision de la mesure est donc acceptable. Par ailleurs, une bonne répétabilité a été observée et les mesures sont stables en milieu perturbé.

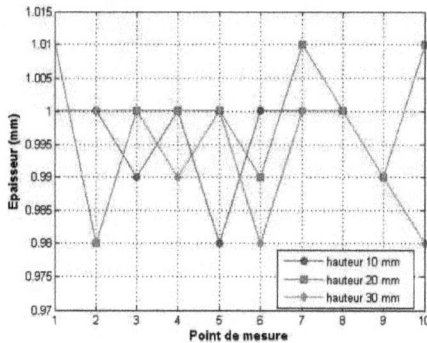

FIG. 4.24 – *Résultats des mesures d'épaisseur avec des guides d'onde de hauteur 10 mm, 20 mm et 30 mm, sur un échantillon de 1 mm d'épaisseur*

- Deuxième série de mesures

    Les mêmes essais ont été réalisés avec un guide d'onde de 40 mm de hauteur. Dans ce cas, les signaux mesurés sont fortement bruités ce qui représente une difficulté certaine pour une bonne mesure de l'épaisseur de l'échantillon.

    Avec des guides d'onde de hauteur 50 mm et 60 mm, aucune mesure n'a été relevée. Ces observations soulignent un problème majeur dans l'utilisation du prototype. Le fournisseur assure cependant la possibilité de la mesure à une distance de 60 mm. Le réglage délicat de l'appareil de mesure serait à l'origine du problème. Partant de ces considérations, un réglage plus fin de celui-ci a été effectué et testé directement sur le prototype. Les résultats sont exposés dans le paragraphe suivant.

4.5.3 Campagne d'essais sur prototype

Une campagne d'essais de mesures d'épaisseur par transducteur à ultrasons intégré à l'outil de formage (voir figure 4.25) a été définie afin de valider le système de mesure ainsi conçu. Cette campagne s'appuie sur une série de mesures réalisées en statique sur des échantillons d'épaisseurs différentes. Par ailleurs, les premières observations sur le comportement de la mesure avec un outil mobile ont été établies.

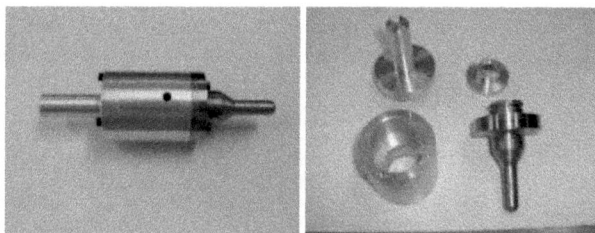

FIG. 4.25 – *Vue d'ensemble et détaillée du prototype d'outil de formage intégrant le transducteur à ultrasons*

Mesures statiques

Les essais de mesure décrits dans cette section ont été réalisés en statique. L'outil est monté sur la broche de la machine (fixe), l'échantillon à mesurer, d'épaisseur connue, est immergé dans une cuve à eau. L'appareil de mesure est réglé pour travailler en mode 2. Dans ce cas, le calcul de l'épaisseur est basé sur le temps de vol s'écoulant entre l'écho d'interface et le premier écho de fond détecté, les échos de fond suivants étant trop rapprochés pour être détectés convenablement en raison d'une distance séparant la partie active du transducteur de la tôle relativement importante.

- La première mesure teste le système sur la même plaque d'alliage d'alluminium de série 1050 d'épaisseur égale à 1 mm, en effectuant une série de dix mesures au même point de l'échantillon. Le choix d'immerger totalement la tôle dans une cuve à eau a été fait afin de garantir la présence de liquide à l'intérieur du guide d'onde. Il s'agit là d'un point critique à résoudre, le système d'alimentation en produit couplant n'ayant pas encore été testé.

Les résulats des mesures sont reportés figure 4.26. La mesure moyenne calculée est de 0.995 mm soit un écart moyen de −0.005 mm. Compte-tenu de la précision de l'appareil de mesure, il serait plus rigoureux d'annoncer une valeur moyenne de 0.99 mm, ce qui correspond à un écart de mesure de −0.01 mm. Les écarts de mesures relevés sont dus à une extrême sensibilité du montage associé à un réglage délicat de l'appareil.

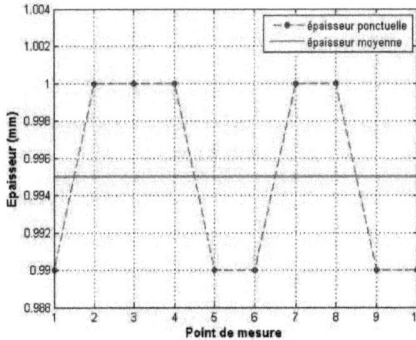

FIG. 4.26 – *Résultats de la première série de mesures à l'aide de l'outil de formage*

- La seconde série de mesure a été effectuée sur une plaque brute d'aluminium. Le protocole de mesure est le même que celui décrit précédemment. Le point de l'échantillon mesuré a une épaisseur de 4.5 mm. Les résultats sont reportés sur la figure 4.27. Les mêmes observations que celles notées lors de la première série de mesures peuvent être faites. Une épaisseur moyenne de 4.49 mm est obtenue (l'épaisseur moyenne calculée est de 4.494 mm), soit un écart de −0.01 mm.

Mesures après déplacement de l'outil

L'outil est toujours monté sur la broche de la machine et l'échantillon à mesurer reste immergé dans une cuve à eau. Pour cette mesure, l'outil est amené en contact avec la tôle. Une fois la tête de l'outil tangent au flan, une trajectoire linéaire a été effectuée manuellement le long de la plaque d'aluminium de 1 mm d'épaisseur. Dix points de mesures ont été repérés sur la trajectoire de l'outil et les mesures ont été effectuées avec l'outil fixe. Cette mesure a pour principal objectif de tester la stabilité de la mesure lors du déplacement de l'outil. La figure 4.28 schématise la trajectoire de l'outil ainsi que les points de mesure.

Les résultats des trois séries de mesures sont reportés figure 4.29. L'ensemble des mesures montrent une assez bonne répétabilité ainsi qu'une bonne précision puisqu'une valeur moyenne de l'épaisseur

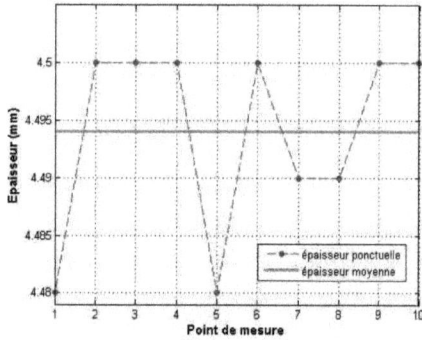

FIG. 4.27 – *Résultats de la seconde série de mesures à l'aide de l'outil de formage*

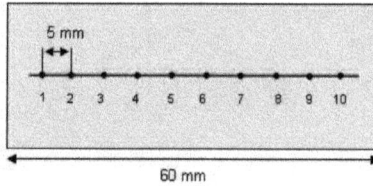

FIG. 4.28 – *Schématisation de la trajectoire d'outil et repérage des points de mesure*

de 0.998 mm est calculée sur l'ensemble des résultats, soit une valeur de 1.00 mm compte-tenu de la précision de l'appareil de mesure. Au niveau des valeurs ponctuelles, un écart maximal de −0.01 mm est observé. En revanche, cet écart n'est pas relevé au même point de mesure, ce qui signifie que la mesure dépend encore d'une optimisation au niveau des réglages. Cette remarque semble se confirmer en observant le comportement du signal entre deux positions successives, ce dernier variant entre 0.98 mm et 1.00 mm.

Observations générales

De manière générale, les résultats des tests de mesures d'épaisseur effectués en statique à l'aide d'un transducteur à ultrasons par immersion couplé à un guide d'onde ont permis de valider la conception de l'outillage dédié à cette mesure. Les observations faites relatent une « légère sous estimation » de l'épaisseur avec un écart de −0.01 mm.

La dernière série de mesures a notamment mis en évidence la sensibilité de la mesure et la nécessité de parvenir à un réglage optimal de l'appareil de mesure afin de séparer suffisamment les différents échos de fond pour obtenir une mesure stable. Cependant, dans l'état actuel de la démarche, les résultats semblent satisfaisants et prometteurs, même si une phase de tests en conditions réelles (lors du formage) reste à réaliser.

Par ailleurs, un point critique reste à résoudre, celui de l'alimentation en liquide assurant la propagation de l'onde ultrasonore ainsi que le maintien constant de fluide entre la partie active du transducteur et le flan à mesurer. La solution envisagée jusqu'alors de « connecter » directement le système de lubrification disponible sur la CN semble ne pas être optimale, notamment en raison d'un débit important de ce dernier.

Des travaux restent encore à effectuer afin de garantir l'efficacité d'un tel outillage.

L'outil actuellement utilisé ne permet pas la rotation de la broche en raison du câble de connexion entre le transducteur et le mesureur. Une réflexion associée à cette problématique a abouti à la proposition d'une solution consistant à modifier l'outil en intégrant des éléments roulants entre une partie fixe par rapport à l'axe de la broche et la partie utile de l'outil (conception d'un outil fou). Dans cette configuration, la rotation sous contraintes de la partie utile est autorisée. En revanche, les contraintes d'encombrement associées à la mise en place de ces éléments augmentent la distance séparant la tôle de la partie active du transducteur, ce qui demande un réglage encore plus soigné de l'appareil de mesure. La réalisation de cet outillage sera envisagée lorsque la validation de la mesure d'épaisseur sera effectuée, c'est-à-dire après un réglage optimal de l'appareil de mesure.

4.6 Conclusions partielles

La mesure en continu de l'épaisseur du flan représente une avancée importante non seulement dans l'étude et la mise en oeuvre du contrôle du formage incrémental mais également pour l'ensemble des procédés de mise en forme par déformation des structures minces. La connaissance précise de l'épaisseur du flan en cours de procédé permettrait ainsi de garantir la conformité des composants produits grâce à une correction des paramètres de formage, évitant ainsi un amincissement excessif par utilisation d'une boucle de régulation (la contre-réaction pouvant s'appliquer sur différents paramètres technologiques comme l'effort de formage, l'effort de maintien en position du flan, la trajectoire d'outil...).

Les travaux présentés dans ce chapitre décrivent la démarche suivie pour la réalisation et la validation d'un outillage de formage spécifique permettant une mesure d'épaisseur de la tôle. Cet outil « actif » repose sur l'intégration d'un transducteur à ultrasons. L'intégration d'un tel capteur à l'intérieur de l'outil a nécessité la validation de son utilisation couplée à un guide d'onde. Les résultats obtenus au travers de séries de mesures statiques ont permis cette validation. Cependant, l'utilisation de cet outillage pour une mesure en continu et ce dans les conditions réelles du procédé demande encore diverses investigations. On peut notamment citer les difficultés associées au maintien d'un niveau constant de fluide entre la partie active du transducteur et la zone du flan à mesurer, ainsi qu'une optimisation des réglages de l'appareil de mesure.

Par ailleurs, afin de compléter l'approche et les développements expérimentaux relatés dans ce chapitre, visant les possibilités de contrôle en ligne du procédé de formage incrémental, il serait nécessaire d'investiguer la réalisation d'un outillage complet permettant la mesure et le contrôle des paramètres du formage incrémental. Ce développement pourrait notamment reposer sur la mise en oeuvre d'un serre-flan instrumenté permettant l'évolution de l'effort de maintien du flan en fonction des paramètres de formage instantanés. Un tel serre-flan, couplé à un outil mesurant l'épaisseur du flan ainsi que les efforts de formage, permettrait la définition complète des paramètres du formage incrémental. Les résultats des mesures serviraient de référence pour l'établissement d'une boucle de contrôle garantissant la production de composants sains et respectant le dessin de définition.

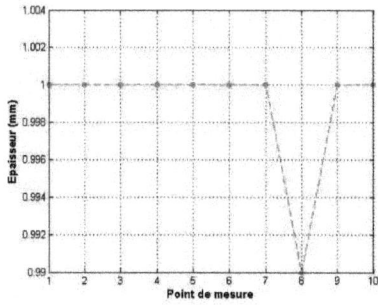

(a) série 1

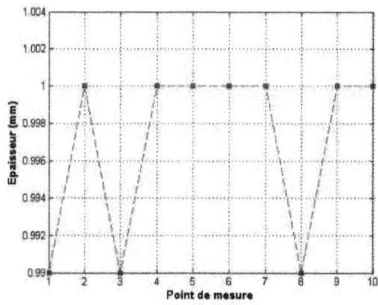

(b) série 2

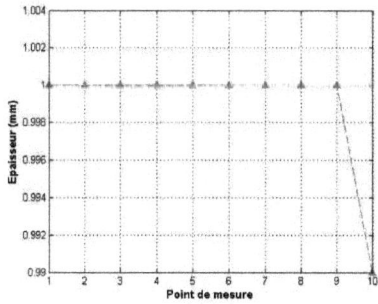

(c) série 3

FIG. 4.29 – *Résultats des mesures d'épaisseur le long d'une trajectoire d'outil linéaire*

Conclusions générales et perspectives

Les travaux développés dans le cadre de la thèse concernent le formage incrémental des structures minces et traitent en particulier trois aspects importants associés aux développements actuels et futurs de la technologie, à savoir les différentes alternatives technologiques pouvant être utilisées et leurs domaines d'applications, la possibilité de développer une ingénierie numérique du procédé à partir de données matériaux dûments identifiées, et enfin la possibilité de développer le contrôle du procédé, afin de repousser les limites de celui-ci et d'accroître les précisions obtenues sur des composants de formes complexes avec des matériaux élaborés à propriétés mécaniques élevées. Les éléments importants du procédé sont rappellés dans l'introduction qui précise le cadre de l'étude, ainsi que ses objectifs pricipaux : réaliser un état de l'art dans le domaine technologique et répertorier les approches des modélisations et simulations utilisées actuellement.

Le chapitre 2 du mémoire relate les différents essais réalisés, soit sur des composants de dimension standard, soit sur des microcomposants. Les principaux paramètres matériaux et de procédé ont ainsi pu être dégagés, de même que les aspects plus technologiques associés à la forme et à la trajectoire de l'outil génératif, les difficultés de réalisation d'angles vifs, les variations importantes d'épaisseurs, ainsi que la présence d'importants effets du retour élastique. Les résultats obtenus dans le chapitre 2 démontrent notamment que le choix rigoureux des paramètres géométriques et de procédé, conditionne de façon importante son application et ses possibilités pour la réalisation de composants ou de microcomposants de formes simples ou complexes. Les résultats montrent qu'un choix optimal des trajectoires d'outil conditionne les possibilités du procédé, ainsi que la précision géométrique des résultats obtenus.

Comme il a été démontré grâce aux investigations expérimentales développées au chapitre 2, le formage incrémental est un procédé prometteur pour la mise en forme des structures minces ou encore des structures déjà formées. Le chapitre 3, à partir des observations et résultats expérimentaux obtenus au chapitre 2, traite de la modélisation et de la simulation numérique du procédé. Les simulations numériques développées, basées sur la simulation par la méthode des éléments finis et l'utilisation du logiciel Ls-Dyna®, démontrent que moyennant le choix d'éléments finis adaptés, de lois de comportement correctement calibrées, et la description précise des trajectoires d'outil, il est possible d'obtenir des résultats prédictifs et fiables, pouvant être utilisés pour la prédiction des paramètres de procédé et des conditions de réalisation. Il est en particulier démontré que les défauts de formes associés à la réalisation des angles, ou encore au retour élastique, peuvent être décrits précisement. Il est de plus montré que les simulations numériques peuvent être utilisées pour déterminer les gammes de fabrication optimales pour conduire au résultat souhaité. Ainsi la déformation locale et progressive du flan sous l'action de l'outil de formage a pu être validée à partir de mesures expérimentales de profils et d'épaisseurs. Enfin, et toujours dans le cadre du chapitre 3, les aspects associés au retour élastique, et en particulier à l'analyse de la trajectoire d'outil sur ceux-ci, ont pu être quantifiés avec précision. Le chapitre 3 montre aussi les limites des approches proposées et en particulier la nécessité de développer des approches complémentaires, tout particulièrement la prise en compte de lois de comportement plus élaborées prenant notamment en compte l'aspect cyclique des déformations résultant du formage incrémental, associé aux passages répétés de l'outil sur les mêmes zones de déformation.

Le chapitre 4 du mémoire relate une approche et des développements expérimentaux visant les possibilités de contrôle en ligne du procédé de formage incrémental des structures minces. Ces développements ont été développés dans le cadre du projet européen STREP intitulé Sculptor. Ainsi une stratégie de contrôle a été élaborée et repose principalement sur l'idée qu'un contrôle de l'amincissement est possible, moyennant la mesure en ligne des variations d'épaisseur, et l'ajustement associé des efforts de retenue de la tôle dans le montage support. Un outil « intelligent » a donc été développé, pouvant être utilisé pour le contrôle. Le capteur de mesure est un transducteur ultrasonore fonctionnant en mode immersion fluide. Les résultats obtenus avec le capteur, mesurés hors outil de formage, indiquent une très bonne répétabilité, et une sensibilité tout à fait satisfaisante par rapport aux conditions opératoires rencontrées en formage incrémental. L'intégration du capteur ultrasonore dans l'outil de formage a été réalisée, et là encore, les tests montrent la possibilité de réaliser des mesures et la maîtrise possible des variabilités. L'utilisation de l'outil en cours de procédé reste à développer, et notamment la liaison entre le transducteur et le conditionneur permettant l'exploitation du signal de sortie du capteur.

Les différentes approches et résultats présentés dans le mémoire constituent une combinaison au développement expérimental, à la modélisation et à la simulation d'un procédé prometteur pour le prototypage rapide en mise en forme des structures minces. Les résultats précédemment énoncés ont été obtenus, mais il reste encore de nombreux problèmes technologiques à résoudre pour rendre ce nouveau procédé fiable, précis et compatible avec les exigences technologiques nécessaires pour répondre aux demandes industrielles. Du point de vue recherche et développements technologiques, les méthodologies proposées dans le mémoire sont génériques, mais les travaux doivent être naturellement poursuivis, pour pouvoir fournir aux utilisateurs un ensemble instrumental efficient ainsi que des méthodologies de simulation et d'optimisation robustes et applicables sur des grands modèles, et prenant en compte l'ensemble des paramètres. Il a par ailleurs été démontré que le formage incrémental pouvait être appliqué à la réalisation de microcomposants de forme complexe. Ces possibilités sont à investiguer plus en profondeur car il existe de nombreux champs d'application dans le domaine des microsystèmes et du biomédical par exemple.

Bibliographie

G. Ambrogio, L. Filice, L. De Napoli, and M. Muzzupappa. Analysis of the influence of some process parameters on the dimensional accuracy in incremental forming using a reverse engineering technique. In *Proceedings of the AED 2003 Conference*, 2003.

G. Ambrogio, I. Costantino, L. De Napoli, L. Filice, and M. Muzzupappa. Influence of some relevant parameters on the dimensional accuracy in incremental forming : a numerical and experimental investigation. *Journal of Materials Processing Technology*, 153-154/C :501–507, 2004.

G. Ambrogio, V. Cozza, L. Filice, and F. Micari. A simple strategy for improving geometry precision in single point incremental forming. In *Proceedings of the 8th International Conference of Technology of Plasticity*, pages 357–358, 2005a.

G. Ambrogio, L. Filice, L. De Napoli, and M. Muzzupappa. A simple approach for reducing profile diverting in a single point incremental forming process. *Journal of Engineering Manufacture*, 219 :823–830, 2005b.

G. Ambrogio, L. De Napoli, L. Filice, F. Gagliardi, and M. Muzzupappa. Application of if process for high customised medical product manufacturing. *Journal of Materials Processing Technology*, 162-163 :156–162, 2005c.

G. Ambrogio, L. Filice, L. De Napoli, F. Micari, and M. Muzzupappa. Some considerations on the precision of incrementally formed double-curvature sheet components. In *Proceedings of ESAFORM Conference*, 2006.

H. Amino, Y. Lu, T. Maki, S. Osawa, and K. Fukuda. Dieless nc forming, prototype of automative service parts. In *Proceedings of the Second International Conference on Rapid Prototyping and Manufacturing (ICRPM)*, 2002.

M. Bambach, G. Hirt, and J. Ames. Modeling of optimization strategies in the incremental cnc sheet metal forming. In *Proceedings of the 8th Numiform Conference*, 2004.

M. Bambach, G. Hirt, and J. Ames. Quantitative validation of fem simulations for incremental sheet forming using optical deformation measurement. In *Advanced Materials Research*, volume 6-8, pages 509–511, 2005.

J. Banhart and J. Baumeister. Deformation charcateristics of metal foams. *Journal of Materials Science*, 33 :1431–1440, 1998.

E. Ceretti, C. Giardini, and A. Attanasio. Experimental and simulative results in sheet incremental forming on cnc machines. *Journal of Materials Processing Technology*, 152 :176–184, 2004.

I. Cerro, E. Maidagan, J. Arana, A. Rivero, and P.P. Rodriguez. Theoretical and experimental analysis of the dieless incremental sheet forming process. *Journal of Materials Processing Technology*, 177 :404–408, 2006.

J.J. Chen, M.Z. Li, W. Liu, and C.T. Wang. Sectional mulyipoint forming technology for large-size sheet metal. *Journal of Advanced Manufacturing Technology*, 25 :935–939, 2005.

A. Col. Tôles pour mise en forme. *Techniques de l'Ingénieur*, B7520 :11, 1996.

A. Col. Emboutissage des tôles - aspects mécaniques. *Techniques de l'Ingénieur*, B7511 :3–5, 2002.

N. Decultot, V. Velay, L. Robert, and E. Massoni. Behaviour modelling of aluminium alloy sheet for single point incremental forming. In *Proceedings of the 11th Esaform Conference*, 2008.

S. Dejardin, J.-C. Gelin, and S. Thibaud. Experimental and numerical investigations in single point incremental sheet forming. In *Proceedings of the 9th Numiform Conference*, volume 2, pages 889–894, 2007.

J. Duflou, Y. Tunçkol, A. Szekeres, and P. Vanherck. Experimental study on force measurements for single point incremental forming. *Journal of Materials Processing Technology*, 189 :65–72, 2007.

L. Filice, L. Fratini, and F. Micari. New trends in sheet metal stamping processes. In *Proceedings of PRIME Conference*, pages 143–148, 2001.

L. Filice, L. Fratini, and F. Micari. Analysis of material formability in incremental forming. In *Annals of CIRP - Manufacturing Technology*, volume 51, pages 199–202, 2002.

G. Hirt, S. Junk, and N. Witulsky. Incremental sheet forming : qualtity evaluation and process simulation. In *Proceedings of the Seventh ICTP Conference*, pages 925–930, 2002.

G. Hirt, J. Ames, and M. Bambach. Economical and ecological benefits of cnc incremental sheet forming (isf). In *Proceedings of the International Conference on ME*, 2003.

G. Hirt, J. Ames, M. Bambach, and R. Kopp. Forming strategies, process modelling for cnc incremental sheet forming. In *Annals of CIRP*, volume 52, pages 203–206, 2004.

H. Iseki. An approximate deformation analysis and fem analysis for the incremental bulging of sheet metal using a spherical roller. *Journal of Materials Processing Technology*, 111 :150–154, 2001a.

H. Iseki. Flexible and incremental bulging of sheet metal using high-speed water jet. *Journal JSME*, pages 486–493, 2001b.

H. Iseki. An experimental and theoretical study of a forming limit curve in incremental bulging of sheet metal part using a spherical roller. *Journal of Materials Processing Technology*, 111 : 150–154, 2001c.

H. Iseki and K. Kumon. Forming limit of incremental sheet metal stretch forming using spherical rollers. *Journal of Statistical Theory and Practice*, 35 :1336, 1994.

J. Jeswiet and E. Hagan. Rapid proto-typing of a headlight with sheet metal. In *Proceedings of Shemet*, pages 165–170, 2001.

J. Jeswiet, F. Micari, G. Hirt, A. Bramley, J. Duflou, and J. allwood. Asymmetric single point incremental forming of sheet metal. In *Annals of CIRP*, volume 54, 2005.

T.J. Kim and D.Y. Yang. Improvement of formability for the incremental sheet metal forming process. *Journal of Mechanical Science and Technology*, 42 :1271–1286, 2001.

Y.H. Kim and J.J. Park. Effect of process parameters on formability in incremental forming of sheet metal. *Journal of Materials Processing Technology*, 130-131 :45–46, 2002.

D. Leach, A.J. Green, and A. Bramley. A new incremental sheet forming process for small batch and prototype parts. In *Proceedings of the Ninth International Conference on Sheet Metal*, pages 211–218, 2001.

T. Maki. *Sheet Fluid Forming and Sheet Dieless NC Forming*. AMINO Corporation.

S. Matsubara. Incremental nosing of a circular tube with a hemispherical head tool. *Journal of the Japan Society for Technology of Plasticity*, 35 :1311–1321, 1994.

S. Matsubara. Incremental forming of tube by a series of movements of forming tool in a cylindrical coordinate system on nc machine tool. *Japanese Spring Conference on Technology of Plasticity*, page 69, 1998.

F. Micari, G. Ambrogio, and L. Filice. Shape and dimensional accuracy in single point incremental forming : State of the art and futures trends. *Journal of Materials Processing Technology*, 191 : 390–395, 2007.

J.J. Park and Y.H. Kim. Fundamental studies on the incremental sheet metal forming technique. *Journal of Materials Processing Technology*, 140 :447–453, 2003.

C. Robert, P. Dal Santo, A. Delamézière, A. Potiron, and J.-L. Batoz. On some computational aspects for incremental sheet forming simulations. In *Proceedings of the Esaform Conference*, 2008.

P.P. Rodriguez. Incremental sheet forming (isf) - industrial applications. In *Proceedings of International Seminar on Novel Sheet Metal Forming Technologies*, 2006.

M. Rohleder, A. Brosius, K. Roll, and M. Kleiner. Investigation of springback in sheet metal forming using two different testing methods. In *Proceedings of the Esaform Conference*, 2001.

M.S. Shim and J.J. Park. Deformation characteristics in sheet metal forming with small ball. *Journal of Statistical Theory and Practice*, 113 :654, 2001.

S. Tanaka, T. Nakamura, and K. Hayakawa. Incremental sheet metal forming using elastic tools. In *Proceedings of the 6th International Conference of Technology of Plasticity*, pages 1477–1482, 1999.

S. Thibaud. *Contributions à la modélisation des aciers à effets TRiP en mise en forme - Simulations et influences des procédés de fabrication sur le comportement en service*. Thèse de Doctorat, Université de Franche-Comté, 2004.

E.G. Thomsen, D.Y. Yang, and S. Kobayashi. *Mechanics of Plastic Deformation in Metal Processing*. The Macmillan Company, 1965.

T. Varady, R. Martin, and J. Cox. Ireverse engineering of geometric models - an introduction. *Computer-Aided Design*, 29 :255–268, 1997.

R. Velasco. *Réalisation de liners métalliques par hydroformage*. Thèse de Doctorat, Université de Franche–Comté, 2007.

S.J. Yoon and D.Y. Yang. Finite element simulation of an incremental forming process using a roll set for the manufacture of a doubly curved sheet metal. In *Proceedings of the Numisheet Conference*, pages 423–428, 2002.

www.ingramcontent.com/pod-product-compliance
Lightning Source LLC
Chambersburg PA
CBHW021101210326
41598CB00016B/1289